精品蔬菜生产技术丛书

豆类精品蔬菜

（第二版）

主　　编：章　泳
参编人员：周黎丽　李　丽　刘　俐
　　　　　韦　琮　周安新

江苏凤凰科学技术出版社 · 南京

图书在版编目（CIP）数据

豆类精品蔬菜 / 章泳主编. — 2版. — 南京：江苏凤凰科学技术出版社, 2023.6

（精品蔬菜生产技术丛书）

ISBN 978-7-5713-3332-4

Ⅰ. ①豆… Ⅱ. ①章… Ⅲ. ①豆类蔬菜－蔬菜园艺 Ⅳ. ①S643

中国版本图书馆CIP数据核字(2022)第225552号

精品蔬菜生产技术丛书

豆类精品蔬菜

主　　编	章　泳
责任编辑	张小平　王　天
责任校对	仲　敏
责任监制	刘文洋

出版发行	江苏凤凰科学技术出版社
出版社地址	南京市湖南路1号A楼，邮编：210009
出版社网址	http://www.pspress.cn
照　　排	江苏凤凰制版有限公司
印　　刷	南京新世纪联盟印务有限公司

开　　本	880 mm × 1 240 mm　1/32
印　　张	4.75
字　　数	100 000
版　　次	2023年6月第2版
印　　次	2023年6月第1次印刷

标准书号	ISBN 978-7-5713-3332-4
定　　价	30.00元

图书如有印装质量问题，可随时向我社印务部调换。

致读者

社会主义的根本任务是发展生产力，而社会生产力的发展必须依靠科学技术。当今世界已进入新科技革命的时代，科学技术的进步已成为经济发展，社会进步和国家富强的决定因素，也是实现我国社会主义现代化的关键。

科技出版工作肩负着促进科技进步，推动科学技术转化为生产力的历史使命。为了更好地贯彻党中央提出的“把经济建设转到依靠科技进步和提高劳动者素质的轨道上来”的战略决策，进一步落实中共江苏省委，江苏省人民政府作出的“科教兴省”的决定，江苏凤凰科学技术出版社有限公司(原江苏科学技术出版社)于1988年倡议筹建江苏省科技著作出版基金。在江苏省人民政府、江苏省委宣传部、江苏省科学技术厅(原江苏省科学技术委员会)、江苏省新闻出版局负责同志和有关单位的大力支持下，经江苏省人民政府批准，由江苏省科学技术厅(原江苏省科学技术委员会)、凤凰出版传媒集团(原江苏省出版总社)和江苏凤凰科学技术出版社有限公司(原江苏科学技术出版社)共同筹集,于1990年正式建立了“江苏省金陵科技著作出版基金”，用于资助自然科学范围内符合条件的优秀科技著作的出版。

我们希望江苏省金陵科技著作出版基金的持续运作,能为优秀科技著作在江苏省及时出版创造条件，并通过出版工作这一平台，落实“科教兴省”战略，充分发挥科学技术作为第一生产力的作用，为全面建成更高水平的小康社会、为江苏的“两个率先”宏伟目标早日实现，促进科技出版事业的发展，促进经济社会的进步与繁荣做出贡献。建立出版基金是社会主义出版工作在改革发展中新的发展机制和新的模式，期待得到各方面的热情扶持，更希望通过多种途径不断扩大。我们也将在实践中不断总结经验，使基金工作逐步完善，让更多优秀科技著作的出版能得到基金的支持和帮助。这批获得江苏省金陵科技著作出版基金资助的科技著作，还得到了参加项目评审工作的专家、学者的大力支持。对他们的辛勤工作，在此一并表示衷心感谢！

江苏省金陵科技著作出版基金管理委员会

“精品蔬菜生产技术丛书”编委会

第一版

主　　任　侯喜林　吴志行

编　　委（各书第一作者，以姓氏笔画为序）

刘卫东　吴志行　陈沁斌　陈国元

张建文　易金鑫　周黎丽　侯喜林

顾峻德　鲍忠洲　潘跃平

第二版

主　　任　侯喜林　吴　震

编　　委（各书第一作者，以姓氏笔画为序）

马志虎　王建军　孙菲菲　江解增

吴　震　陈国元　赵统敏　柳李旺

侯喜林　章　泳　戴忠良

序

（第一版）

蔬菜是人们日常生活中不可缺少的副食品。随着人民生活质量的不断提高及健康意识的增强，人们对“无公害蔬菜”“绿色蔬菜”“有机蔬菜”需求迫切，极大地促进了我国蔬菜产业的迅速发展。2002年全国蔬菜播种面积达1 970万公顷，总产量60 331万吨，人均年占有量480千克，是世界人均年占有量的3倍多；蔬菜总产值在种植业中仅次于粮食，位居第二，年出口创汇26.3亿美元。蔬菜已经成为农民致富、农业增收、农产品创汇中的支柱产业。

今后发展蔬菜生产的根本出路在于发展外贸型蔬菜，参与国际竞争。因此，蔬菜生产必须增加花色品种，提高蔬菜品质，重视蔬菜生产中的安全卫生标准，发展蔬菜贮藏、加工、包装、运输。以企业为龙头，发展精品蔬菜，以适应外贸出口及国内市场竞争的需要。

为了适应农业产业结构的调整，发展精品蔬菜，并提高蔬菜质量，南京农业大学和江苏科学技术出版社共同组织园艺学院、江苏省农业科学院、南京市农林局、南京市蔬菜科学研究所、金陵科技学院、苏州农业职业技术学院、苏州市蔬菜研究所、常州市蔬菜研究所、连云港市蔬菜研究所等单位的专家、教授编写了“精品蔬菜生产技术丛书”。丛书共11册，收录了100多种品质优良、营养丰富、附加值高的名特优新蔬菜品种，介绍了优质、高产、高效、安全生产关键技术。本丛书深入浅出，通俗易懂，指导性、实用性强，既可以作为农村科技人员的培训教材，也是一套有价值的教学参考书，更是广大基层蔬菜技术推广人员和菜农的生产实践指南。

侯喜林

2004年8月

序 （第二版）

蔬菜是人们膳食结构中极为重要的组成部分，中国人尤其喜食新鲜蔬菜。从营养学的角度看，蔬菜的营养功能主要是供给人体所必需的多种维生素、膳食纤维、矿物质、酶以及一部分热能和蛋白质；还能帮助消化、改善血液循环等。它还有一项重要的功能是调节人体酸碱平衡、增强机体免疫力，这一功能是其他食物难以替代的。健康人的体液应该呈弱碱性，pH值为7.35~7.45。蔬菜，尤其是绿叶蔬菜都属于碱性食物，可以中和人体内大量的酸性食物，如肉类、淀粉类食物。建议成人每天食用优质蔬菜300克以上。

我国既是蔬菜生产大国，又是蔬菜消费大国，蔬菜的种植面积和产量均呈上升态势。2021年，我国蔬菜种植面积约3.28亿亩，产量约为7.67亿吨。随着人们对健康生活的重视，对于绿色、有机蔬菜的需求日益增加，蔬菜在保障市场供应、促进农业结构的调整、优化居民的饮食结构、增加农民收入、提高人民生活水平等方面发挥了重要作用。

蔬菜生产是保障市场稳定供应的基础。具有规模蔬菜种植基地的家庭农场（含个体生产经营者）、农民专业合作社、生产经营企业等，是蔬菜生产的基本单元，也是蔬菜产业的基础和源头。因此，蔬菜生产必须增加花色品种，提高蔬菜品质，注重生产过程中的安全卫生标准，同时加强蔬菜储存、加工、包装和运输。在优势产区和大中城市郊区，重点加强菜地基础设施建设，着重于品种选育、集约化育苗、田头预冷等关键环节，加大科技创新和推广力度，健全生产信息监测体系，壮大农民专业合作组织，促进蔬菜生产发展，提高综合生产能力。

“精品蔬菜生产技术丛书”自2004年12月出版以来，深受市场欢迎，历经多次重印，且被教育部评为高等学校科学研究优秀成果奖科学技术进步奖(科普类)二等奖。为了适应农业产业结构的调整，发展精品蔬菜，并提高蔬菜产品质量，满足广大读者需求，南京农业大学和江苏凤凰科学技术出版社共同组织江苏省农业科学院、南京市蔬菜科学研究所、苏州农业职业技术学院等单位的专家对“精品蔬菜生产技术丛书”进行再版。丛书第二版共11册，收录了100多种品质优良、营养丰富、附加值高的名特优新蔬菜品种，介绍了优质、高产、高效、安全生产关键技术。本丛书语言简明通俗，兼具实用性和指导性，既可以作为农村科技人员的培训教材，也是一套有价值的教学参考书，更是广大基层蔬菜技术推广人员和菜农的生产实践指南。

农业农村部华东地区园艺作物生物学与种质创制重点实验室主任
园艺作物种质创新与利用教育部工程研究中心主任
南京农业大学“钟山学者计划”特聘教授、博士生导师
蔬菜学国家重点学科带头人

侯喜林

2022年10月

前 言

本书在“精品蔬菜生产技术丛书”第一版的基础上，增加了目前江苏省生产面积较大的豇豆、扁豆等两个豆类蔬菜种类，并依据种植面积及消费习惯，调整了8个蔬菜种类的排列顺序。同时，针对当前生产上对蔬菜深加工技术方面的需求不断提高，每个豆类蔬菜分别增补了速冻加工及保鲜贮藏技术方面的内容。作者本着从生产实际需求出发，注重内容的科学性、先进性和实用性，文字配合图片，增加可读性、趣味性，使读者能准确地掌握精品豆类蔬菜的生产关键技术。

书中内容包括了豆类蔬菜总述，菜豆、豇豆、毛豆、扁豆、豌豆、蚕豆、四棱豆和红花菜豆等8种豆类蔬菜的经济价值、形态特征、对环境条件的要求、类型与品种、高产优质生产技术、采收与贮藏以及速冻加工及保鲜技术等。

笔者根据多年从事豆类蔬菜栽培工作的实践并参阅了有关资料编撰而成，部分彩色图片由南京绿领种业有限公司提供，在此向参阅资料和图片的作者表示衷心地感谢。

由于水平所限，书中错误与不妥之处，恳请读者和同行批评指正。

章 泳

2023年1月

目　录

一、总述

（一）豆类蔬菜的含义和特点

豆类蔬菜是指豆科中以嫩豆荚或嫩豆粒作蔬菜食用的栽培种群，栽培历史有6 000年以上。豆类蔬菜为豆科一年生或二年生的草本植物，主要包括菜豆属的菜豆、红花菜豆，豇豆属的豇豆，大豆属的毛豆（菜用大豆），豌豆属的豌豆，野豌豆属的蚕豆，刀豆属的蔓生刀豆，扁豆属的扁豆，四棱豆属的四棱豆，以及黎豆属的黎豆等，是蔬菜生产中的重要大类作物之一，在我国栽培历史悠久，种类多，分布广，是广大消费者普遍喜爱的蔬菜种类。

豆类蔬菜的嫩豆荚、嫩种子以及嫩茎叶均可食用。可鲜食，也可用作各种加工（制罐、腌制、脱水、速冻等），味道鲜美，品质优良，是我国出口创汇的优势品种，是推进农业高质量发展和保证农民增收的优质高效作物。

豆类蔬菜是人类驯化栽培较早的作物之一，除豌豆和蚕豆外，都起源于热带，为喜温性作物，不耐低温和霜冻，宜在温暖条件下栽培。豌豆和蚕豆原产温带，耐寒力较强，忌高温干燥，为半耐寒性蔬菜。

豆类蔬菜在蔬菜周年供应中起极其重要的作用。在长江流域地区，1—2月份有覆盖栽培的豌豆茎苗；3—4月份有新鲜上市的嫩豌豆、鲜蚕豆；5月份有地豆、架豆；6月份有早毛豆；7—8月份有堵伏缺的豇豆、扁豆和夏季供应的毛豆、豇豆、四棱豆，以及随时都可生产的绿豆芽、黄豆芽等，可保证市民餐桌一年四季的均衡供应。近几年来，芽苗菜的生产也得到了广泛应用和推广，豌豆芽苗作为其主要产品，也有着极其广阔的市场发展前景。因此，豆类蔬菜在农业稳产保供中起着重要作用。

（二）豆类蔬菜的发展前景

1. 豆类蔬菜的营养及药用价值

豆类蔬菜是重要的营养作物和生态作物，含有极丰富的蛋白质、脂肪、多种维生素和矿物元素。豆类籽粒蛋白质含量高、质量好，蛋白质含量一般高出谷物 1 ~ 3 倍，高出薯类 5 ~ 10 倍，甚至稍高于肉类。豆类蛋白质是全价蛋白质，含有人体必需的 10 种氨基酸，而且氨基酸组成较好，高于许多动植物食品。豆类蔬菜还含有纤维素、半纤维素和许多可溶性纤维，同时也是补钙、补铁的最佳保健食品，价廉质优，食用方便。

豆类蔬菜同时也具有较高的药用价值，菜豆的籽粒（图 1–1）、果壳、根均可入药，有温中下气、益肾补元的功效。豌豆有止泻痢、调营卫、益中气、消痈肿等解毒功效；蚕豆可健脾利湿、降压止血；扁豆可消暑解毒、补脾除湿。豆类蔬菜的这些

图 1-1　各种豆类籽粒

药理特性，对调节人体营养平衡、促进身体健康有着积极作用。

2. 豆类蔬菜的发展前景

豆类蔬菜是我国出口创汇蔬菜的重要组成部分，软荚豌豆、速冻脆豆、保鲜及速冻毛豆、菜豆等都是很有发展前途的出口产品。豆类蔬菜中的芽苗菜也是近些年发展较快的无公害、无污染、营养丰富的保健型蔬菜，可以不受季节限制而进行四季生产，正日益受到消费者的喜欢，随着新型工厂化生产技术的发展和加快应用，有着极广阔的市场推广和发展前景。

（三）豆类蔬菜栽培管理的共性技术

1. 豆类蔬菜的特征特性

（1）植物学特征　豆类蔬菜的根是入土较深的直根系，有强大的主根和侧根。主根垂直向下生长，从主根长出侧根，侧根上再生侧根，形成根系。大部分根群分布在20～30厘米的表土层。直根发达，但易木质化，根的再生力弱，因此在栽培上通常多行直播。为争取早熟高产，也可采用营养钵育苗，小苗龄移栽。

豆类蔬菜的茎多为草质茎，茎上有节，节上分枝。按照茎秆的生长特点，可分为直立型、丛生型、半蔓生型和蔓生型。按其生长习性，可分为有限生长习性和无限生长习性。有限生长习性又称矮生种，植株在生长数节后其生长点都分化花芽，在各茎节的腋芽抽出若干侧枝，各侧枝也是生长数节后其生长点分化花芽，故植株矮生而直立，成为矮生种。无限生长习性又称蔓生种，其顶端通常为叶芽，最初生长数节，节间短，仍可直立生长。其后主茎生长逐渐加快，节间伸长而成为蔓生。在主蔓生长的同时，其基部腋芽抽出侧枝，称为子蔓，侧枝的顶芽通常也是叶芽，不断生长。子蔓可再抽出侧枝，称为孙蔓。侧蔓多少因品种的分枝能力而定。主蔓和侧蔓各茎节的腋芽多数可以分化花芽。因此，蔓生种在幼苗生长至植株现蕾前，有一段茎叶生长的抽蔓时期，植株现蕾后，转入开花结荚期。在开花结荚期，开花结荚的同时，茎叶继续生长，所以蔓生种的开花结果期较长，因而生长期也较长，产量较高。矮生种花期较短，生长期也较短，产量较低。

豆类蔬菜的叶子有子叶和真叶两种，子叶一般不进行光合作用，其叶片肥大，其中储藏大量养分，供发芽及幼苗生长（图 1–2），当储藏的养分消耗完毕后便自行脱落（图 1–3）。第 1 对真叶是单叶，对生，其大小形状因种类及品种不同而存在差异（图 1–4）。其后长出的叶多为复叶。豌豆、蚕豆是羽状复叶（图 1–5），其他豆类是三出复叶（图 1–6）。

图 1–2　肥大的子叶

图 1–3　子叶脱落

图 1–4　第 1 对真叶是单叶

图 1–5　豌豆的羽状复叶

图 1–6　三出复叶

豆类蔬菜的花为蝶形花，不同种类和品种的花冠颜色不同，有黄、红、白、紫或浅蓝等颜色（图 1–7）。多为自花授粉，天然杂交的可能性很小，所以留种比较方便。但也有一些种类有一定的异交率，如四棱豆、蚕豆、红花菜豆等。豆类蔬菜一般开花较多，但只有少量花能结荚成熟，一般占开花数的 10% 以下。因此，在栽培上要采取有效措施，防止落花落荚，提高结荚率。

图 1–7　毛豆的紫色花

豆类蔬菜的果实称为荚果或豆荚。其长短、颜色和形状也依种类和品种而异。其果皮即荚皮，光滑或有茸毛。荚皮颜色有绿色、黄绿色、白色、红黄色、红色、紫色等，因种类及品种而异（图 1–8）。在豆类蔬菜中菜豆、豇豆、扁豆、刀豆及软荚豌豆以嫩豆荚供食；豇豆、扁豆、四棱豆的嫩豆荚及种子均可食用；毛豆、蚕豆则以嫩豆粒供食；豌豆还可以嫩茎叶供食（图 1–9）。

图 1-8　不同颜色的豇豆荚

豆类蔬菜的种子是真正意义的种子，由种皮、子叶和胚三部分组成。种子较大，无胚乳。子叶发达，其中储藏大量的营养物质，容易发芽。种子的粒形、大小、色泽因种类及品种不同而呈现多样化，一个种类的不同品种也有多种颜色和杂色。豆类种子的生活力一般与种子所含的蛋白质、脂肪的含量有关，并随储藏年限的增加而降低。据研究，豇豆的生活力最

图 1-9　豌豆的嫩茎叶

强，菜豆次之，大豆最差。一般在良好的储藏条件下，豇豆的生活力可保持 3 ～ 6 年，荷兰豆可保持 3 ～ 5 年，大豆与四棱豆只能保持 1 ～ 2 年。

（2）生长发育周期 豆类蔬菜的生长发育周期是指播种发芽至嫩豆荚或豆粒成熟收获的全部生长发育过程，一般可分为营养生长和生殖生长 2 个阶段。营养生长阶段一般要经过发芽期、幼苗期，蔓生种还要经过抽蔓期。各种豆类蔬菜生长到一定节数即进入生殖生长阶段。如早熟荷兰豆在第 5 ～ 6 节开花，中熟品种在第 7 ～ 9 节开花，晚熟品种在第 12 节以上开花。生殖生长阶段要经历以下 3 个时期。

① 花芽分化期：花芽分化是豆类蔬菜由营养生长过渡到生殖生长的形态标志。豆类蔬菜经过一定的发育阶段以后，在生长点上发生花芽分化，然后花芽长大，在外表形态上出现花蕾。

② 现蕾开花期：花蕾成形，花瓣与雌蕊、雄蕊逐步长大成熟，开花传粉受精。从现蕾到受精，一般需 7 天左右。这是生殖生长的重要时期，对外界环境反应敏感，是水分和温度的临界期。温度过高或过低，水分过多或不足，光照不足，均会影响授粉和受精，导致落花。

③ 结荚期：荚和种子同时迅速长大，光合作用的产物不断从叶片等光合作用器官输送到种子中去。这一时期是营养生长和生殖生长同步进行的时期，要求光照、水分、空气和各种养分供应充足，尤其要有磷和钙的充分供应。

（3）根瘤及共生 各种豆类的根系都有根瘤菌共生，这是豆科作物的特点之一。其主根、侧根和块根上可形成大量的根瘤。当豆类作物与根瘤菌同时生活时，根瘤菌在根瘤中固定空气中的氮素，需要从豆类作物体内获得营养物质，而根瘤菌所固定的氮素又为豆类作物所利用。它们的这种生活方式称为共生。这种共生是已知固氮能力最强的生物固氮体系之一，在农业生产中起着十分重要的作用（图 1–10）。

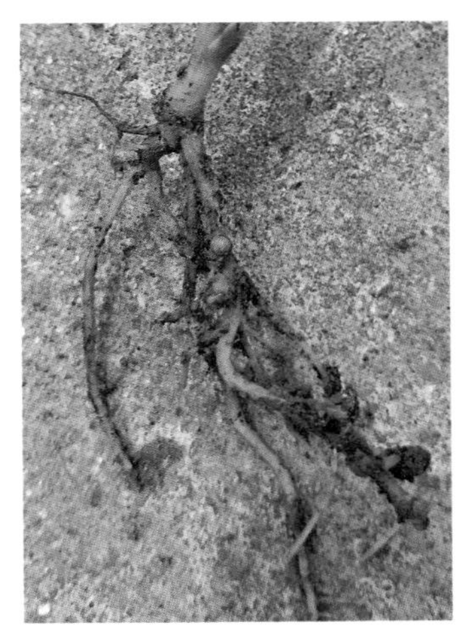

图 1–10　豌豆幼苗期的根瘤

为了获得豆类作物增产，必须创造根瘤菌所需的生活条件。根瘤菌生长的适宜温度是 20 ～ 28℃，在 7℃以下或 30℃以上则生长不良或不能生长。在土壤水分含量为最大持水量的 60% 时，形成根瘤最多，固氮作用最强。根瘤菌需要透气良好的土壤，同时根瘤菌发育特别需要磷，这也是增施磷肥能使豆类作物增产的一个重要原因。

各种豆类作物中的根瘤菌是不完全相同的，豇豆、菜豆、扁豆和毛豆的早熟品种，根瘤菌一般不太发达；而蚕豆和毛豆的晚熟品种，根瘤菌就比较发达。另外，豆类作物前期固氮能力较低，开花期固定的氮最多。因此，幼苗期根瘤菌尚未发挥固氮作用时，还是应该多施用氮肥。

（4）对环境条件的要求　豆类蔬菜中，豌豆和蚕豆为长日照植物，适合冷凉环境，比较耐寒，要在 12 ~ 14 小时以上的日照条件下才能正常开花，短日照条件下则不开花或延迟开花。其他豆类属短日照植物，喜温或耐热。很多品种对日照长短反应不敏感，如豇豆中的不少品种。但幼苗期有短日照，能促进花芽分化。对日照长短要求严格的有四棱豆、刀豆、红花菜豆等的部分品种。各种豆类蔬菜对光照强度的要求不同，但在不同程度上都属于喜光作物，故较强的光照能促进植株健壮生长、根瘤形成、花芽分化，提高结荚率和产量。

豆类蔬菜耐旱力强但喜湿润的生长环境，生长发育适宜的土壤水分含量为田间最大持水量的 60% ~ 75%，适宜的空气相对湿度为 65% ~ 80%，管理上提倡勤浇勤灌，但田间积水不宜过多，防止烂根及落花落荚。

2. 豆类蔬菜的栽培管理

（1）豆类蔬菜的茬口模式　豆类蔬菜是实现周年供应的重要蔬菜，特别是近些年来，随着保护地设施栽培的迅猛发展，蔬菜生产技术的不断提高，豆类蔬菜的茬口模式有了很大的改进，通过提前或延后栽培，基本实现了周年生产、均衡供应。

① 春提前栽培：利用温室、大棚、中棚等保护设施，通过多层覆盖保温措施，采取育苗移栽等手段，提前播种定植，提早上市。主要用于菜豆、豇豆、毛豆及豌豆苗的冬季早春覆盖栽培。

② 春夏露地栽培：在各种豆类蔬菜适宜播种的春夏季节，结合茬口及市场需求，适期播种，适时采收。

③ 秋延后栽培：利用大棚、中棚等保护设施，适当推迟秋播时间，后期覆盖保温，延后上市，延长供应期，目前主要有菜豆、豇豆秋延后栽培。

④ 日光温室栽培：黄河故道及其以北地区利用节能日光温室进行秋冬茬、越冬茬、冬春茬、早春茬的豆类蔬菜生产，与大棚、中棚及露地栽培错开上市，均衡市场供应，以获得较高种植效益。

豆类蔬菜不宜连作，应实行轮作。同时豆类作物的根瘤及茎叶有较好的肥田作用，利用这一特点进行合理套作，可有效提高后茬作物的增产效果。

（2）播种育苗

① 种子处理：豆类蔬菜播种前应进行种子处理。要选择符合本品种特征、籽粒饱满、大小均匀、无病虫害、无机械损伤的种子，并除去混杂的种子与各种杂质等。播种前先晒种 1 ~ 2 天，以杀死病菌，促进发芽。此外，可根据不同作物特点，采用温汤浸种或药剂浸种、药剂拌种等方法，杀死种皮感染的病菌和虫卵，预防病虫害，同时也可有效促进发芽，提高发芽率和发芽势。

② 直播：豆类蔬菜露地栽培一般采用直播。其技术要点是：一是穴播或开沟点播。二是播种深度应一致，不能过深或过浅，过深影响出苗时间与整齐度；过浅则根系入土分布浅，对幼苗生长不利。三是覆土厚度因种类而异，子叶出土的，如菜豆、豇豆、刀豆等覆土不宜太厚，否则不易出苗；子叶不出土的，如荷兰豆、四棱豆、多花菜豆等，覆土可稍厚。四是播种后适当镇

压，使种子与土壤充分接触，以利于提早出苗。五是播种后一段时间内不能浇明水，以免土壤板结，通气不良。春播后浇明水还会降低地温，影响发芽。若土壤较干，则可在播前数日浇水。

③ 育苗移栽：保护地栽培豆类蔬菜，为了提高设施利用率，一般都采用育苗移栽，能提早上市，延长收获期，增产增收。

豆类蔬菜目前多采用容器育苗（营养钵、穴盘等），也有的采用营养土块育苗。冬春育苗一般在温室、塑料棚内进行，夏秋育苗应在遮阳防雨棚内进行。秧苗生长发育的好坏与营养土的质量有着极为密切的关系。营养土的配制，应选用近几年内未种过豆类作物的田园土，再配合一定数量充分腐熟的优质农家肥，还可加入少量化肥。营养土还应进行消毒处理，一般采用药剂熏蒸消毒，有条件的可用蒸汽高温消毒。

（3）施肥技术

① 施肥原则：一是豆类蔬菜施肥应严格执行无公害蔬菜生产的施肥原则，不得施用工业废弃物、城市垃圾和污泥；不得施用未经发酵腐熟、未达到无害化指标、重金属超标的人、畜粪尿等有机肥料。并注意各种营养成分的合理配比，增施磷肥、钾肥，适施氮肥，相比其他蔬菜可少施氮肥，但在幼苗期与开花结荚期需施入一定数量的速效氮肥。二是大量营养元素、中量营养元素与微量元素结合。三是有机肥与无机肥结合。四是土壤施肥与根外追肥结合。

② 施肥方法：施肥分为基肥和追肥，追肥又分根部施用与叶面喷施两类。

基肥一般以有机肥为主，过磷酸钙、磷酸二铵、钙镁磷肥等化肥也可作基肥。

追肥主要施用各种化肥，也可将人、畜禽粪及饼粕等有机肥经充分腐熟后施用，或用配制好的有机无机复混肥。追肥应分次施用，每次用量不宜过多。

（4）防止落花落荚

① 选用良种：选用适应性广、抗逆性强、坐荚率高的丰产优质品种。

② 适时播种：掌握好播种时间，使豆类蔬菜开花结荚处于气温、光照等环境条件最适宜的季节，防止高温、低温及光照不足等的危害，反季节栽培的应强化设施的环境调控措施，优化光、热、气、水等条件。夏季栽培可利用遮阳网遮光降温。

③ 加强田间管理：施足基肥，苗期少量追肥，结荚期重施，并增施磷肥、钾肥。苗期注意中耕保墒，促进根系生长；初花期不浇水，以免植株徒长与引起落花；结荚期应经常浇水，但要合理适当；雨季注意排水防涝。蔓生种要合理密植，及时搭架吊绳，引蔓上架，去除基部老叶，保证田间通风透光。要及时防治病虫害，促进植株健壮生长。

④ 喷施植物生长调节剂：目前常用的保花保蕾的植物生长调节剂有 2，4-D、萘乙酸、防落素、赤霉素及喷施宝等。使用时，应根据豆类蔬菜的种类、品种与生育期，选择适宜药剂、浓度与喷施方法，同时必须配合肥水供应。另外，开花期用 0.5% 的尿素喷洒叶面，可减少秕荚，提高产量。

豆类蔬菜主要病虫害有枯萎病、锈病、炭疽病、煤霉病、褐斑病、灰霉病、细菌性疫病、病毒病、豆荚螟、美洲斑潜蝇、蚜虫、烟粉虱等，绿色防控技术要求在“预防为主，综合防治”的植保方针指导下，综合利用农业措施、生态调控技术、物理防治技术、生物防治技术，适当使用高效低毒低残留的化学农药。化学药剂防治应严格执行国家有关规定，禁止使用高毒高残留的化学农药，要掌握合理防治时间，规范用药，要注意农药的交替使用，以增强药效，防止病虫产生抗性。要严格执行农药的安全间隔期，保证蔬菜采收上市时农药残留不超过有关标准。

（四）豆类蔬菜主要病虫害绿色防控技术

1. 农业防治

（1）选用抗病虫品种　选用抗病虫品种是防治作物病虫害最经济、最有效的途径。

（2）轮作种植　与白菜或葱蒜类等非豆类蔬菜实行 2 年以上轮作，有条件的可与水稻等禾本科作物实行 3 ～ 5 年轮作。

（3）种子处理　选出后的种子在阳光下晒 1 ～ 2 天，用 55℃的水浸泡 15 分钟灭菌，并不断搅拌，使水温降至 30℃继续浸种 4 ～ 5 小时后捞出待播。结合物理与化学方法使用效果更好，可在温汤浸种后，再放入 0.1% 高锰酸钾溶液中浸泡 10 ～ 15 分钟，捞出洗净种子再播种。

（4）清洁田园　拔除病株，发现病叶、病荚、病苗和下部老叶及时摘除，带出田外深埋或烧毁，深翻土地，减少病虫基数。

（5）土壤消毒　宜选择夏秋高温季节，利用太阳能进行设施内高温闷棚。具体做法是：清园后，每平方米施入碎稻草1.5 ~ 3.0千克、生石灰50 ~ 100克（若pH值在6.5以上，则用同量的硫铵），深翻30厘米以上，整平浇透水，畦面覆盖薄膜（最好是黑色膜），周围用土密闭，封闭棚室20 ~ 30天，地表土壤温度≥70℃，15 ~ 20厘米土层温度≥50℃，能杀死多种病原菌及其他虫卵。消毒完成后，揭膜通风，翻耕土壤，晾晒7天以上再播种或定植。

（6）加强田间管理　深沟高墒，并覆盖地膜，排渍降湿。合理施肥，施用充分腐熟的有机肥，增施磷肥、钾肥，提高植株抗病能力。及时进行植株调整，摘除老叶、病叶和侧枝，提高田间通风透光性，进行健康栽培。

2. 物理防治

利用害虫的趋性，采用“灯”“阻”“色”等杀死害虫，防止危害。

（1）灯诱　用频振式杀虫灯诱杀豆荚螟（图1–11），每亩悬挂一盏杀虫灯，接虫口对地距离以100 ~ 150厘米为宜，每天开灯时间为晚上9点至第二天早晨4点。

图1–11　杀虫灯诱杀害虫

（2）阻隔　防虫网能阻断害

图 1-12　黄板诱杀蚜虫

虫的迁入与迁出，22 目左右的防虫网适用于阻隔个体较大的害虫，40 目左右的防虫网可阻隔烟粉虱。

（3）色板诱杀　利用害虫对不同波长颜色的趋性，可架设黑光灯诱杀螟虫，可用黄色杀虫板诱杀美洲斑潜蝇、蚜虫和烟粉虱，用银灰膜避蚜（图 1-12）。

3. 生物防治

一是利用赤眼蜂消灭豆荚螟虫卵；二是释放潜蝇姬小蜂防治美洲斑潜蝇；三是利用丽蚜小蜂防治烟粉虱；四是选用植物源生物农药，如川楝素、苦参碱、印楝素、新植霉素和农抗 120 等进行防治。

4. 化学防治

（1）枯萎病　发病初期选用多菌灵，或绿亨 1 号，或安泰生，或甲基托布津等，用药间隔 7 ～ 10 天，连续防治 2 ～ 3 次。

（2）锈病　发病初期选用粉锈宁，或萎锈灵，或多硫，或敌力脱，或速保利等喷雾，隔 7 ～ 10 天喷 1 次，连续防治 2 ～ 3 次。

（3）炭疽病　在花期或在发病初期喷洒炭疽福美，或百菌清 + 硫菌灵，或咪鲜胺，或咪鲜胺 + 氯化锰，或噻菌铜，或嘧菌酯，或苯醚甲环唑，或醚菌酯等，隔 5 ～ 7 天喷 1 次，连续防治 2 ～ 3 次。

（4）煤霉病　发病初期选用甲基托布津，或百菌清，或多菌灵，或灭病威，或代森锰锌等喷雾，隔 7 天左右喷 1 次，连续防治 3 ～ 4 次。保护地栽培的可喷施甲霉灵粉尘，每亩喷 1 千克，早上或傍晚喷，隔 7 天喷 1 次，连续防治 3 ～ 4 次。

（5）褐斑病 发病初期及时喷药防治，药剂选用多菌灵 + 万霉灵，或百菌清加，或复方硫菌灵，或大生 M–45 等，隔 10 天喷 1 次，连续防治 2 ～ 3 次。

（6）灰霉病 开始发现零星病叶即开始喷洒嘧菌环胺，或嘧霉胺，或异菌脲，或杜邦乾程，或农利灵等，隔 7 天喷 1 次，连续防治 3 次。

（7）细菌性疫病 发病初期在络氨铜、氢氧化铜、农用硫酸链霉素、新植霉素等药剂中任选 1 种农药，隔 5 ～ 7 天喷 1 次，连续防治 2 ～ 3 次。

（8）病毒病 发病初期喷洒抗毒剂 1 号，或病毒净，或病毒克星，或菌毒清，或抗病毒，或植病灵等，隔 10 天左右喷 1 次，连续防治 3 ～ 4 次。

（9）豆荚螟 始花期、盛花期是最佳防治适期用药，应选择在早上 7—10 点喷雾防治。可选用晶体敌百虫，或杀螟松，或氰戊菊酯，或除尽，或安打等，从现蕾开始，隔 10 天用 1 次，可基本控制危害。

（10）美洲斑潜蝇 选择在成虫高峰期至卵孵化盛期用药，或在初龄幼虫高峰期用药，始见幼虫潜蛀的隧道时，选用斑潜净，或爱福丁，或顺式氰戊菊酯，或速凯，或天力Ⅱ号，或抑太保，或卡死克等，隔 7 天喷 1 次，连续防治 3 ～ 4 次。

（11）蚜虫 选用吡虫啉，或蚜虱立克，或速灭杀丁，或乙酰甲胺磷，或吡蚜酮等喷雾防治，重点喷洒在蚜虫喜欢聚集的叶背面和幼嫩部位。

（12）烟粉虱 在早晨露水未干时，选用噻虫嗪，或烯啶虫胺，或烯啶虫胺，或甲氨基阿维菌素苯甲酸盐，或螺虫乙酯，或溴氰虫酰胺等喷雾。隔 5 ～ 7 天喷 1 次，连续防治 3 ～ 4 次。

（五）豆类蔬菜的保鲜储藏与速冻加工技术

1. 保鲜储藏

科学储藏是确保豆类蔬菜产品商品性价值的有效途径之一，同时又可使豆类蔬菜错开供应，延长市场货架供应期。豆类蔬菜在储藏中表皮最易出现褐斑（俗称锈斑），在高温条件下储运，呼吸强度高，豆荚迅速老化脱水、外皮变黄、纤维化程度增高，品质降低，严重者失去食用价值。因此，豆类蔬菜的保鲜难度很大，大多需要采用低温储藏，一般只宜储藏 2 ～ 3 周，若无冷藏条件则只能储藏不超过 1 周。

（1）采收要求 作为商品采收的豆类，对采收时间和质量都有要求。

① 采收时间：采收期是影响豆类储藏效果的重要因素。不同成熟度的豆荚耐储性不同，如豇豆在适熟期（花后 11 天）和完熟期（花后 14 天）采收其储藏效果较好，储藏豇豆应当在这两个时期采收。采摘宜选择气温较低时进行，露地避开雨天和露水未干时段，采摘时应选择生长发育正常的豆荚。在采收装运中要尽量减少豆荚损伤，尤其是豆荚尖端。

② 质量要求：豆荚应生长健康、外形完好、大小均匀一致、新鲜、无褐斑、无病虫害及其他损伤，产品成熟度符合商品成熟

要求，应在种子尚未充分发育前进行。当豆荚内籽粒充分发育，豆荚纤维化、变坚韧时，不易储藏。采收菜豆、豇豆等时不要损伤留下的花序及幼小豆荚。将豆荚置于通风、阴凉处摊晾，以降低荚温，减少田间热。

（2）预冷与包装　分为库存准备、预冷、包装和入库4个步骤。

① 库房准备：产品入库前，应对库房和用具进行清洁与消毒。对库房消毒，可用15～20克/立方米的硫黄熏蒸24～48小时，或用1%～2%的福尔马林或0.5%的漂白粉喷洒墙面及地面。对库房内的使用工具及容器的消毒，可采用0.25%次氯酸钙溶液浸泡或刷白的方式消毒，也可将其放在太阳下暴晒。

② 预冷：预冷的主要目的是迅速除去产品的田间热，最大限度地保持产品的新鲜度和品质。宜在产品采收后12小时内，将温度降至10℃左右。最好在产地进行并选用自然降温冷却方法，可将产品放在阴凉通风的地方散去田间热。如果有条件，也可以进行真空预冷、强制通风预冷和冷库空气预冷。其中冷库空气预冷方法简单、效果最好，就是直接将产品放在冷库中降温，保持制冷量足够大及空气以1～2米/秒的流速在库内和容器间循环。预冷温度设置与储藏温度一致，并且在预冷前后都要测量产品的温度，判断冷却程度，防止冷害和冻害发生。

③ 包装：在预冷库内进行挑选、分级、处理、装筐（袋）。

挑选是剔除病、虫、伤及不符合商品要求的个体，去除产品的非食用部分，使产品整齐美观，提高商品价值。主要方法有人工挑选和机械挑选，机械挑选可结合采收或分级进行。

分级是指按一定的品质标准和大小规格将产品分为若干等级的措施，是提高产品商品化和标准化不可或缺的步骤。各类豆类蔬菜分级无固定统一的标准，通常根据坚实度、清洁度、大小、重量、颜色、形状、鲜嫩度，以及病虫感染和机械损伤等分为3个等级，即特级、一级和二级。

处理是在储藏前选用保鲜药剂喷雾，有效地减少储藏过程中的腐烂及锈斑和霉菌的生长。可选用特克多熏蒸剂有效抑制霉菌的生长，或生理调节剂如1–甲基环丙烯延长豇豆的保鲜期。

装框（袋）是指菜豆、豇豆可用塑料筐或瓦楞纸箱包装，甜豌豆、荷兰豆多用发泡塑料箱包装。如用塑料筐，可在豆荚装筐码垛后，外面再罩一层塑料薄膜；用发泡塑料箱，可在预冷后直接装箱；用瓦楞纸箱，应在箱内衬塑料薄膜保鲜袋，再将预冷后的豆荚装入袋中，最后在表层产品上放一层包装纸，平折或松扎袋口，盖上箱盖。采用气调储藏的，包装完成后用0.1毫米的聚乙烯塑料薄膜将整个筐套封，薄膜上留有气孔，袋口的两角处各放一个内装0.25 ~ 0.50千克消石灰的口袋，并用绳子扎紧密封。

④ 入库：及时入库，不同储藏温度要求的豆类蔬菜应分开放置在不同库房中。为保证最佳产品品质，在垛堆与包装容器之间都应该留有适当的空隙，要求走向应与库内空气环流方向一致，空气相对湿度应保持在95%或95%以上。

（3）储藏与运输

① 储藏条件：豆类蔬菜的储藏可以采用冷藏和气调储藏两种方式，储藏温度要求为7 ~ 9℃、空气相对湿度为85% ~ 90%。几种主要豆类蔬菜适宜的储藏条件见表1–1。

② 储期管理：主要包括温度、湿度控制，氧气、二氧化碳控制，以及产品质量检查。

表 1-1　豆类蔬菜适宜储藏条件

种类	储藏温度 /℃	空气相对湿度 /%	氧气含量 /%	二氧化碳含量 /%
菜豆	7 ~ 9	90 ~ 95	4 ~ 6	1 ~ 2
豇豆	7 ~ 9	85 ~ 90	2 ~ 5	2 ~ 5
毛豆	0 ~ 2	85 ~ 90	4 ~ 6	3 ~ 6
豌豆	1 ~ 3	85 ~ 90	3 ~ 5	1 ~ 3
红花菜豆	0 ~ 3	85 ~ 90	2 ~ 4	2 ~ 4

定时检测和记录库内温度和空气相对湿度，保持库内温度和空气相对湿度的稳定，温度波动不宜超过 1℃，以防豆荚表面结露。库房应保持空气循环流通，每周至少应通风换气 1 次，换气时间宜选择外界气温与储藏温度接近时进行。

采用塑料薄膜保鲜袋自发气调储藏的，还应定期检测和记录包装袋内氧气和二氧化碳含量变化，若包装袋内氧气含量低于适宜值，则须从气孔中充入空气；若二氧化碳含量高于适宜值时，则须解开消石灰袋，抖出一些消石灰，以吸收袋中多余的二氧化碳，防止包装袋内二氧化碳积累过多对产品造成损害。

储藏期间要定期抽样检查产品，查看有无褐斑、腐烂等情况的发生，及时记录并及时处理。在适宜储藏条件下，豆类蔬菜储藏期一般为 10 ~ 20 天。

③ 出库与运输：出库的豆荚要求色泽、风味正常，未纤维化和老化，无褐斑和腐烂。运输过程中的温度、空气相对湿度和通风换气要求与储藏条件基本相同，最好用冷藏车或在货车顶上及箱外四周放碎冰降温，使温度维持在 10℃左右。装卸时，要轻

搬轻放，严防机械损伤。

2. 速冻加工技术

（1）原料选择 应选择新鲜嫩绿、成熟整齐、籽粒均匀、无病虫害、无霉烂、无老化枯黄、无机械损伤的产品，其中毛豆在七八分成熟时采摘，菜豆选择白花品种、荷兰豆选用白花软荚品种、豌豆选用白花品种在乳熟期采收。采后适当预冷并及时清洗干净，尽量保证当天处理完毕，不能及时加工的需带荚冷藏保鲜，一般不得超过 24 小时。

（2）漂烫和冷却 一般采用在 80 ~ 100℃热水中漂烫 0.5 ~ 2.0 分钟时间不等，并不断搅动使漂烫均匀不呈花斑状。漂烫时间及漂烫程度要严格掌握，如菜豆在 93 ~ 100℃的热水中漂烫 1.5 ~ 2.0 分钟；豌豆在 100℃的热水中漂烫 1.0 ~ 1.5 分钟；嫩蚕豆经 2% 盐水浸泡 20 ~ 30 分钟清洗后，在 100℃、1.5% 的醋酸镁溶液中漂烫 30 秒。然后置于 5℃以下的冷水中冷却至 10℃以下。

（3）速冻 单体快速冻结可使解冻后细胞汁液的流失减少，其本来的色、香、味、营养成分以及良好的组织形态得以保持。各种豆类冻结适宜的温度和冻结时间不同，如毛豆适宜温度为 −25 ~ −20℃，蚕豆为 −30 ~ −25℃，冻结时间为 8 ~ 10 分钟；荷兰豆为 −30℃，冻结时间为 4.8 分钟；菜豆为 −35℃，冻结时间为 10.8 分钟。

（4）冷藏 速冻豆类蔬菜必须存放于专供冻菜使用的冻藏库内。冻藏温度在 −25 ~ −20℃，温度波动范围为 1℃，空气相对湿度为 95% ~ 100%，波动范围在 5% 以内。冻藏温度要和冻结温度基本保持一致，一般冻藏一年内品质不会发生劣变。

二、菜豆

菜豆是豆科菜豆属栽培种中的一年生缠绕性草本植物，别名四季豆、芸豆、玉豆等。起源于美洲中部和南部，16 世纪传入我国。目前，菜豆已分布世界各地，在我国各地普遍栽培。

（一）概况

1. 菜豆的经济价值

菜豆（图 2–1）的鲜嫩果荚是人们主要食用对象，营养丰富、味道鲜美、品质优良，是夏秋季蔬菜中上市较早的蔬菜，又是加工制罐及脱水蔬菜的重要原料，加工产品畅销国内外。老熟种子可做饭、做馅，菜豆的茎、叶也是良好的牲畜饲料。

图 2–1　菜豆

菜豆的嫩荚和籽粒含有丰富的蛋白质、糖和淀粉，新鲜产品中含丰富的维生素 A、维生素 B、维生素 C 等，具有较高的营养价值（表 2–1）。

表 2–1　菜豆每 100 克可食部分中的主要营养成分

营养成分	含量	营养成分	含量
能量 / 千焦	122	蛋白质 / 克	2.4
脂肪 / 克	0.2	膳食纤维 / 克	3.1
多不饱和脂肪酸 / 克	0.1	糖 / 克	1.3
碳水化合物 / 克	2.7	钠 / 毫克	2
维生素 A / 微克视黄醇当量	40	维生素 B_1（硫胺素）/ 毫克	0.04
维生素 B_2（核黄素）/ 毫克	0.10	维生素 C（抗坏血酸）/ 毫克	23.0
烟酸（烟酰胺）/ 毫克	1.01	叶酸 / 微克叶酸当量	21
钾 / 毫克	221	磷 / 毫克	42
钙 / 毫克	49	镁 / 毫克	30
锌 / 毫克	0.54	铁 / 毫克	1.1
水分 / 克	91	碘 / 微克	0.50

菜豆为食药兼用的食物，其籽、果壳、根均可入药。性平味甘，有解热、利尿、消肿的功效，主治虚寒呃逆、呕吐、腹胀、肾虚、腰痛、哮喘，有镇喘作用，是一种滋补药物。菜豆嫩荚中含有各种营养物质及糖苷类，可健脾利水，且有一定的抗癌作用，脾胃不良、水肿、肿瘤患者可以多吃。

2. 形态特征

（1）根　菜豆根系较发达，主根深达 80 厘米以上，侧根分布直径 60 ～ 70 厘米，有根瘤，但根瘤形成较迟而少。菜豆苗期根的生长速度较地上部快，播种后，子叶刚出土时，主根已长出 7 ～ 8 条侧根。株高 15 ～ 20 厘米时，主根已有大量侧根，扩展半径可达 60 厘米，但多分布在表土层中。

（2）茎　菜豆依其生长习性可分为蔓生种和矮生种。

① 蔓生种：茎的生长点为叶芽，茎节较长，茎细长成蔓，蔓长 2 ～ 3 米，无限生长习性。茎左旋缠绕。花序随蔓的伸长从各叶腋陆续开花、结实。侧枝发生较少，在同一节，二级侧枝与花序发生有相互抑制作用，抽出侧枝的节，花芽发育不良。栽培时需立支架、绑蔓，故俗称“架豆”。它的成熟较迟，收获期长，品质好，产量高（图 2–2）。

图 2–2　蔓生菜豆

② 矮生种：为蔓生类型的变种。茎直立矮小。主枝生长 4 ～ 8 节时茎生长点成为花芽，有限生长习性。主枝叶腋间抽生侧枝，侧枝的生长点也为花芽，因此分枝多而成丛生状。栽培时不设支架，俗称“地豆”。植株矮小、直立，开花早，采收期集中，适合机械化采收。

（3）叶　叶分子叶和真叶。子叶出土。初生真叶为单叶、对生，其后出叶为三出复叶、互生，具长叶柄，基部着生 1 对托叶，小叶片近心形、全缘、绿色（图 2–3）。

图 2-3　菜豆的复叶

（4）花　生于叶腋间或茎的顶端，为总状花序，每一花梗上有 2 ~ 8 朵花。花冠蝶形，有白、黄、淡红、紫等颜色。矮生种的开花顺序为自上部花序至下部花序渐次开放，全株花期 20 ~ 25 天。蔓生种则从下部先开，渐次向上，全株花期 30 ~ 45 天。同一花序内基部先开，渐次至顶端开花（图 2-4）。

图 2-4　菜豆的花

（5）果实　菜豆荚果为条形，直或弯曲，形状有圆筒形、扁圆筒形和扁平形 3 种。长 10 ～ 20 厘米。嫩荚一般为绿色、淡绿色，也有黄、紫红等色，成熟时呈白色或黄褐色，每荚含种子 4 ～ 15 粒（图 2–5）。

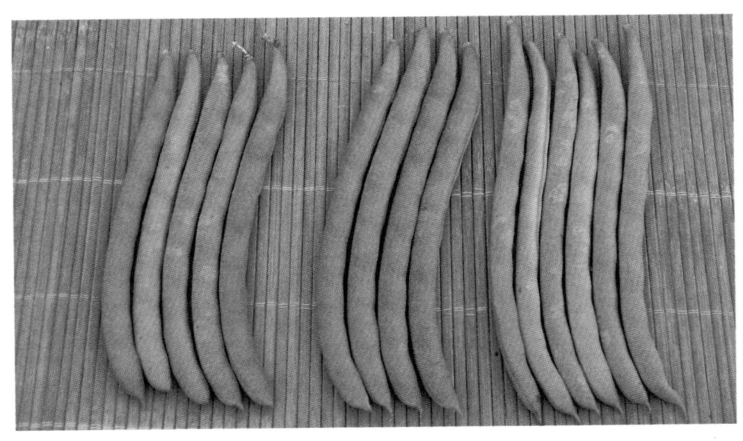

图 2–5　菜豆的果实

（6）种子　形状多为肾形，少数扁平或细长，也有近圆球形的。种皮的颜色有红、黑、褐等，其上呈现各种斑纹。种子千粒重 300 ～ 700 克。

3. 生长发育及对环境条件的要求

（1）生长发育　菜豆自播种至嫩豆荚或豆粒成熟的生育过程分为发芽期、幼苗期、抽蔓期和开花结荚期 4 个时期。

① 发芽期：种子萌发开始至出现第 1 对真叶。种子吸胀后，适温下 1 ～ 2 天出现幼根，5 ～ 7 天出现第 1 对真叶。

② 幼苗期：第 1 对真叶出现至第 4、第 5 复叶展开。幼苗期开始花芽分化。

③ 抽蔓期：从第 4、第 5 片复叶展开至植株显蕾。茎叶迅速生长，花芽不断分化发育。

④ 开花结荚期：矮生种一般播种后 30 ~ 40 天便进入开花结荚期，历时 20 ~ 30 天；蔓生种一般播种后 50 ~ 70 天进入开花结荚期，历时 45 ~ 70 天。

（2）对环境条件的要求

① 温度：菜豆喜温，不耐热，也不耐霜冻。发芽适温 20 ~ 25℃，幼苗期生长适温 18 ~ 20℃，0℃时受冻。生长发育期温度在 10 ~ 25℃都可以生长，适温 20℃左右，30℃以上，授粉不良，易引起落花落荚，豆荚变短。昼温 13℃、夜温 8℃时几乎不能生长；昼温 19℃、夜温 13℃时开花结荚延迟。地温的临界温度为 13℃。

② 光照：菜豆属短日照作物，但多数菜豆品种对光周期的反应不敏感，对日照长短要求不严格，因此南北方地区可以相互引种。但菜豆对光照强度要求较严格，光饱和点为 2 万 ~ 2.5 万勒克斯，补偿点为 1500 勒克斯。光照过弱，植株徒长，主茎和侧枝的节数减少，甚至生育受阻。若开花结荚期光照强度过弱，则开花结荚都减少。

③ 水分：菜豆根系入土较深，有较强的抗旱力，最适宜的土壤水分含量为田间最大持水量的 60% ~ 70%，湿度较大时生长发育旺盛，干燥时生长不良，花期推迟，开花、结荚数减少。高温干旱环境下豆荚内果皮细胞分裂加速，品质下降；反之，若土壤水分充足，气温适宜，则菜豆品质优良。

④ 土壤及养分：菜豆对土质的要求不严格，但以排水良好、

土层深厚、微酸性及中性的土壤为好。菜豆在生长初期需吸收较多的钾和氮，开花结荚期对氮、磷、钾的吸收量显著增加。花芽分化后，氮肥适量，可促进生长，增加开花，但过多亦易引起茎叶徒长，导致落花落荚，影响产量。磷肥有显著的肥效，若缺少磷肥，则菜豆生长不良，开花数和结荚数少。菜豆在嫩荚迅速生长时，还要吸收大量的钙，在施肥上应当注意。钼能促进根瘤菌的旺盛发育和固氮作用，增强光合作用，因此施用钼肥对提高菜豆的产量有一定效果。

（二）类型与品种

菜豆依其生长习性可分为蔓生种、半蔓生种和矮生种，依其豆荚纤维化的情况分为软荚种和硬荚种。豆荚有绿、黄及紫色斑纹等。种子颜色有黑、白、红、黄褐及各种花斑等。生产中主要分蔓生种及矮生种两种（图 2–6、图 2–7）。

图 2–6　菜豆蔓生种

图 2–7　菜豆矮生种

1. 蔓生种

茎生长点为叶芽，主蔓生长 2 ~ 3 米。初生茎节的节间短，以后茎节的节间伸长，左旋性向上缠绕生长。每个茎节的腋芽可抽出侧枝或花序，一般以抽出花序为多。

（1）碧丰 中国农业科学院蔬菜花卉研究所从荷兰引进的优良品种，植株蔓生，生长势强，株高 2 米以上；第 1 花序着生在 3 ~ 5 节，甩蔓早，花白色；嫩荚扁条形，长而宽，荚长 22 ~ 25 厘米，宽 1.8 ~ 2.0 厘米，厚约 1.0 厘米，单荚重 20 ~ 25 克；嫩荚青豆绿色，肉厚，纤维少，商品性好，品质佳，每荚有种子 7 ~ 8 粒；种粒大，白色，肾形，千粒重 450 克。早熟性好，北京地区春播，从播种至收嫩荚 60 ~ 62 天。亩产 1 300 ~ 2 000 千克。丰产性好，适应性广，抗病性强。适于北京、河北、山东、河南及江苏等地春季露地栽培。北京地区春季露地栽培，于 4 月中旬播种，行距 60 ~ 70 厘米，株距 25 ~ 30 厘米，每穴播种 3 ~ 4 粒。每亩用种量 5 ~ 7 千克。苗期坐荚前要适当控水，以防徒长。

（2）圣龙（无筋架豆） 美国引进品种，该品种早熟性极佳，质量表现稳定，抗病性强；从嫩角至成熟无纤维，其外形为圆棍形，亩产可达 5 000 千克左右，比一般架豆品种高产 1 倍多，中熟、蔓生、叶深绿、长势强盛，株高 260 厘米左右，植株分支强；花白色，3 ~ 4 节开始着花，结荚绿色，圆而长，一般长度 35 厘米左右。品质鲜嫩，商品性好，适于长途运输，适合全国各地露地种植。

（3）苏菜豆 1 号 江苏省农业科学院蔬菜研究所以浙芸 3

号、红花青荚为杂交亲本，采用系谱选育法，于2006年育成，属早熟圆棍形菜豆。植株生长势强，结荚性好；豆荚圆棍形，绿白色，种子白色；煮、炒易烂，口感风味较好。区试平均结果：播种至采收嫩荚55天，全生育期86天，株高3.5米，荚长22.3厘米，厚1.3厘米，结荚节位5 ~ 7节，单荚重7.4克。抗逆性较强。

（4）浙芸3号 浙江省农业科学院蔬菜研究所选育。植株蔓生，生长势较强，平均单株分枝数1.9个左右；三出复叶长和宽分别为11厘米和13厘米；花紫红色，主蔓第6节左右着生第1花序；每花序结荚2 ~ 4个，单株结荚35个左右；豆荚较直，商品嫩荚浅绿色，荚长、宽、厚分别为18.0厘米、1.1厘米和0.8厘米左右，单荚重约11克。耐热性较强。种子褐色，单荚种子数约9粒，种子千粒重260克左右。

（5）荷兰超级绿冠 我国台湾地区引进芸豆新品种，长30 ~ 35厘米，宽2.5厘米，绿色，单荚重30克左右，节间短，抗寒性强，不易老化，亩产5 000千克以上。

（6）浙芸5号 浙江之豇种业有限责任公司选育的优良品种，蔓生，生长势强；红花青荚，扁圆形，荚长18 ~ 20厘米，宽1.2厘米，厚1.0厘米，结荚率高；种子褐色，肾形，有光泽，较早熟，品质优。以鲜食为主，耐热，高温不暴荚。

（7）丽芸2号 丽水市农业科学研究院、浙江勿忘农种业股份有限公司选育的早中熟品种。植株蔓生，长势较强，单株分枝数约2.5个；顶生小叶长、宽分别为11.4厘米和10.4厘米，叶柄长10.5厘米，节间长15.0厘米；花粉红色，第1花序在主蔓

第 3 节左右，每花序结荚 2 ~ 6 个；商品豆荚浅绿色，豆荚直，平均豆荚长、宽、厚分别为 19.2 厘米、1.0 厘米和 0.9 厘米，单荚重 11.8 克；豆荚炒食糯性好、微甜，品质佳。经浙江省农业科学院植物所田间鉴定，抗锈病，中抗枯萎病、炭疽病。

（8）超长四季豆 中国农业科学院蔬菜花卉研究所育成并推广，植株生长势强，分枝多；花冠白色；嫩荚长圆条形，稍扭曲，浅绿色，横断面近圆形；单荚重约 18.0 克，荚长 25.0 厘米以上，宽 1.2 厘米，厚 1.4 厘米，每荚种子数 7 ~ 8 粒；嫩荚纤维极少，鲜嫩，味甜，品质佳。华北地区春播 65 ~ 70 天可采收嫩荚，亩产 1 500 ~ 2 000 千克。

（9）绿珠架豆 江苏省农业科学院蔬菜所选育，蔓生品种，白花白籽；生长势强，商品荚圆棍形，品质佳；荚长 13 ~ 25 厘米，荚宽 0.9 ~ 1.0 厘米。该品种极早熟，春季从播种到采收 50 天，秋季从播种到采收 40 天，一般亩产 1 500 千克以上，适合全国各地栽培。长江流域可以春、秋两季栽培，并适宜作早熟栽培。长江中下游地区露地春季 3 月底至 4 月初播种，秋季 8 月初播种，亩用种量一般 2.5 ~ 3.0 千克。

（10）碧龙 1 号 河北省石家庄市蔬菜花卉研究所选育，2001 年通过河北省农作物品种审定委员会审定。植株蔓生，生长势强，茎绿色，叶片肥大，呈黄绿色；花冠白色；分枝性较强；嫩荚宽扁条状，浅绿色，荚长 19.0 ~ 21.5 厘米，荚宽 1.8 ~ 2.3 厘米，单荚重 15 ~ 17 克；嫩荚无革质膜，籽小肉厚，耐老化，味甜，品质佳，商品性好。早熟，播种到始收 55 ~ 60 天，抗病性强，丰产性好，一般亩产嫩荚 1 900 千克。

2. 矮生种

植株矮小而直立，一般在主枝发生 4 ~ 8 节后，茎生长点为花芽，不再继续伸长，主枝叶腋抽出各侧枝，其生长点也为花芽。多为早熟品种，上市集中。适合机械化采收（图 2–8）。

图 2–8　菜豆矮生种

（1）苏地豆 1 号　江苏省农业科学院蔬菜研究所选育的矮生菜豆品种，2012 年 6 月通过成果鉴定。该品种植株矮、节间密、分枝多；整齐直立，株高 40 ~ 50 厘米，分枝 5 ~ 7 个，每个侧枝可长 2 ~ 3 个花梗，花梗直立；花梗顶端陆续着生花蕾开花结荚，荚长 14 ~ 16 厘米，粗壮紧实，籽粒鲜食口感好，一般亩产可达 2 000 千克。

（2）无筋江户川 大连米可多国际种苗有限公司推广，一年生矮生菜豆；植株生长势旺，分枝多；叶片较大，浓绿色；坐荚一致性好，极早熟且高产；豆荚浓绿鲜艳，无筋，荚长 13 厘米左右，豆荚发育良好，几乎无弯荚，种子深褐色，花为紫色；耐病毒病、锈病、炭疽病。适于多种栽培方式栽培，喜温暖，不耐高温，较耐低温，喜阳光充足，要求肥料充足。

（3）美国供给者 从美国引进，并经国内繁育推广的优良品种，株高 48 ~ 51 厘米，分枝 6 ~ 8 个；花粉红色；嫩荚绿色，圆棍形，荚长 12 ~ 14 厘米，横径 1 厘米，单荚重 7 克左右，肉多质脆，粗纤维少，品质佳。较早熟，播种至始收嫩荚 58 ~ 63 天，全生育期 68 ~ 82 天。耐热，亩产 1 000 ~ 1 200 千克，早期产量占总量的 73% 左右，可在全国各地栽培。

（4）地豆王一号 河北省石家庄蔬菜花卉研究所培育，1998 年通过河北省农作物品种委员会审定。株高 40 厘米左右，分枝性强，每株有分枝 6 ~ 8 个；叶片绿色；花浅紫色；嫩荚浅绿色，扁条形，老荚有紫晕，平均荚长 20.0 厘米，宽 2.3 厘米，单荚重 20 克；种子肾形，种皮有黑色花纹。亩产 1500 千克，播后 45 天始收嫩荚。丰产性、抗病性较好，无革质膜，品质好，耐老化，荚肉厚，北方地区广为种植。

（5）金马丽 矮生黄荚菜豆品种，系安徽省合肥绿宝农业技术研究所于 1995 年从北美的 Stokes 公司引进的品种。株形紧凑，矮生，花白色；豆荚扁圆，黄色，长 15.5 厘米，横径 0.9 厘米，无纤维，品质优良。早熟，播种至采收 52 天，单株鲜荚重 294 克，亩产 2 350 千克。

（6）金丛　矮生黄荚菜豆品种，系安徽省合肥绿宝农业技术研究所于1995年从北美的Stokes公司引进的品种。株形略散，花白色；豆荚扁圆，黄色，长14.8厘米，横切面纵径1.1厘米，横径0.9厘米，纤维含量少，品质优。早熟，春播栽培播种至采收52天。单株鲜荚重276克，亩产2 000千克。

（三）高产优质生产技术

1. 栽培季节及方式

菜豆为喜温蔬菜，不耐霜冻，大多数品种属中光性，对光照要求不严格。因此，菜豆栽培季节以避过霜期和不在最炎热时期开花结荚为原则。长江以南地区，可分春、秋两季栽培。

（1）春提前栽培　利用温室或大棚、中小棚良好的采光和保温效果，促进菜豆早发、早上市。早春茬多采用育苗移植。长江流域一般2月中旬至3月下旬营养钵育苗，3月上中旬覆盖定植。矮生菜豆定植后40天左右始收，蔓生菜豆定植后50天左右始收。

（2）春、秋露地栽培　春季露地栽培都在终霜期前后，气温稳定在10℃以上时进行。长江流域地区一般在3月下旬至4月上旬分期播种。

秋季播种应避开高温多雨的季节，蔓生菜豆宜于7月中下旬播种，矮生菜豆宜于8月上中旬播种。

（3）秋延后栽培　生长后期利用温室、大棚等覆盖保温措施，提高菜豆生长温度，延长采收期，提高产量。长江流域一般8月中下旬在大棚直播，10月中下旬采收。

2. 保护地栽培

（1）整地与施肥　菜豆对土壤的适应性较强，适宜生长于土层比较深厚、有机质较多、排水良好的壤土或沙壤土。若重茬地或与其他豆类作物连作则生长发育不良，应实行 2 ~ 3 年轮作。最好选用经过冻垡的冬闲地。秋菜收获后及时深翻冻垡，定植前耕翻，耕翻深度要达到 10 ~ 15 厘米，然后作畦。畦宽因棚（室）而宜，畦面平整。基肥在耕翻前施入，每亩施腐熟有机肥 5 000 千克，或腐熟人、畜粪尿 2 500 ~ 3 000 千克，并加入过磷酸钙 30 ~ 40 千克，硫酸钾 10 千克，作畦后整平畦面。

（2）播种育苗

① 育苗场地：春夏育苗应选择地势平坦、避风向阳、土壤肥沃、排水良好、靠近水源、交通方便的田块，长江流域多采用大棚、中棚冷床育苗。秋延后育苗时正值高温炎热天气，苗床应选择地势较高、通风排水条件较好的地块。可在床土上均匀填上 5 ~ 10 厘米厚的营养土直接播种育苗，也可利用营养钵或穴盘等进行容器育苗。

② 营养土配制：可选购专用育苗基质或人工配制营养土。配制营养土可用未种过豆类蔬菜的田园土 60% ~ 70% 与优质腐熟厩肥 30% ~ 40%，过磷酸钙 0.1%，草木灰 0.1%，混合拌匀，堆置于塑料膜上，堆面用塑料薄膜盖严，充分暴晒杀菌 10 ~ 15 天。播种前 15 天左右，翻开营养土堆，过筛后调节 pH 值，即可铺于苗床或育苗容器内。

③ 种子处理及播种：选择籽粒饱满、种皮有光泽、生命力强的种子。播种前晒种 1 ~ 2 天，然后用 0.1% 的硫酸铜水溶液

浸种15分钟，捞出后用清水洗净种子。也可用种子重量的0.3%多菌灵拌种，达到消毒种子、预防菜豆枯萎病的目的。播种前摆好营养钵（营养土块）或育苗穴盘，打足底水。播种时每钵（穴）放种子2～3粒，再盖上细土。蔓生品种播种量为每亩2～3千克，矮生品种为每亩2.5～4.0千克。播完后苗床盖一层农膜保温保湿（秋冬栽培多行直播，参考“定植”）。出苗期间白天温度25～28℃，夜间15～18℃，保持出苗前不通风。出苗80%左右时，揭开农膜，少量通风，白天20～25℃，夜间10～15℃，并注意通风换气。苗期一般不浇水，出现叶色深绿、中午萎蔫的情况时，要及时补充水分。定植前5天左右逐步通风降温炼苗，白天10～15℃，夜间5～6℃。至豆苗叶色浓绿、茎秆坚硬时即可定植。苗期若遇阴雨多湿或温度过高，则容易发生徒长窜苗，应注意及时通风降温。

（3）定植　大棚早春菜豆的定植一般在3月上中旬进行，定植时间应选择“冷尾暖头”，以促进活棵。定植深度以营养钵或营养土块土面与栽培畦土面平齐为宜，浇足定植水，待水渗入后，封严定植孔。定植密度应根据品种特性确定，蔓生品种一般行距65厘米，穴距25～30厘米，每亩3 500～4 500穴；矮生种株行距30厘米×33厘米，每亩6 000穴。

秋延后栽培多采用田间直播。种子的播前处理同上。播种前打好播种穴并浇足底水，每穴播种3～4粒，播后盖3～4厘米厚的细土。秋播密度应略小于春栽，蔓生种每亩3 000～3 500穴，矮生种每亩5 000穴。有条件的可用遮阳网或稻草浮面覆盖，降温保湿，以保全苗。

（4）田间管理

① 温度管理：一般定植后 3 ～ 4 天不通风，以提高棚内温度，促进缓苗，气温超过 30℃以上少量通风。4 ～ 5 天后进入正常管理，温度保持在白天 25 ～ 28℃，夜间 10 ～ 12℃，如遇寒流及阴雨天气，则应加强保温。连续高温时，注意通风。

秋延后栽培当外界气温降至 15℃时，应铺上大棚两侧裙膜，最低温度达 12℃时上大棚顶膜。白天温度超过 25℃时，通风降温，以 20℃为宜。以后随着天气变冷逐渐缩短通风时间并减少通风量。随着温度降低，逐渐在棚内加盖小棚、草帘，及时预防早寒流的袭击。

② 水肥管理：早春栽培，水分应掌握“前控后促”的原则，在给予定植水和缓苗水后，到抽蔓前一般不浇水。未用地膜的田块，可加强中耕，7 ～ 10 天中耕 1 次，透气保墒，培土促发根。植株 3 ～ 5 片真叶时，结合插架浇 1 次抽蔓水，开花期不宜浇水，防止浇水不当发生严重落花现象。结荚期需水量最大，尤其在开始采摘嫩荚后，必须保持土壤湿润。后期随温度升高加大浇水量，使土壤水分含量稳定在田间最大持水量的 60%。

秋菜豆出苗前不浇水，以防水分过多引起烂种。幼苗期少浇水，以促发根系、培育壮苗。生长期结合追肥适当浇水，开花期不浇水，第 1 花序幼荚伸出后浇透水，以后采收 1 次浇 1 次水。冬季温度低时，逐步减少并停止浇水。

菜豆根瘤菌不发达，及时适当追肥有显著的增产效果。一般在开始抽蔓时追施尿素 10 ～ 15 千克或腐熟人、畜粪尿 200 千克，第 1 花序幼荚抽出并生长时追施 1 次重肥，每亩追施三元复合肥 40 ~ 50 千克。以后每采收 1 次，结合浇水追施 1 次肥料，每亩施尿素或复合肥 10 ~ 15 千克。生长中后期叶面喷 0.01% 钼酸铵溶液或 0.2% ~ 0.3% 磷酸二氢钾溶液，可有效提高菜豆产量。

③ 整枝搭架：蔓生菜豆生出 4 ~ 6 片复叶后，节间伸长开始抽蔓，此时应及时搭架并引蔓上架。蔓生菜豆的搭架方法有两种，日光温室及部分大棚采用吊架，也有部分地区采用“人”字架形式。吊架是在定植行顶部顺行向架固定吊绳用的铁丝或直接利用大棚棚架，用塑料绳下端垂直吊缠于秧蔓基部，上端固定于铁丝或棚架上，及时理蔓，人工牵引上绳，严防茎蔓相互缠绕。“人”字架则采用竹竿架材呈“人”字形交叉插入植株旁，上部用横杆固定，并引蔓上架。一般架高应在 2 米以上。

④ 防止落花落荚：菜豆分化的花芽数很多，开花数也很多，但其结荚率仅占开花数的 20% ~ 35%。因此，减少落花落荚数，提高结荚率，是提高菜豆产量的有效途径。一方面，应通过选用丰产优质品种，选择适宜播期，使菜豆的开花结荚期处于最佳温湿条件下，并加强管理，及时防治病虫害，促使植株生长健壮，减少落花落荚。另一方面，可以通过合理密植及理蔓整枝，为植株生长创造一个良好的通风透光环境，促进潜在花芽开花结荚。此外，人工辅助授粉、及时采收嫩荚、合理利用植物生长调节剂等，也都是减少落花落荚的重要措施。

3. 春、秋露地栽培

在我国，除无霜期很短的高寒地区为夏播秋收外，南北方大多数地区均可两季栽培。长江流域春播一般在 3 月下旬至 4 月上旬，秋播在 7 月中下旬，矮生菜豆在 8 月中下旬。

（1）整地与施肥　菜豆对土壤条件的要求见“保护地栽培”。播种前深耕晒垡、疏松土壤是促进根系发育、促进生长的重要手段。春季生产一般选择秋菜的冬闲地块，冬前深翻冻垡，开春后整平作畦，保墒提温。秋季栽培选择前茬非豆类的叶菜、瓜类及茄果类早熟栽培的茬口，及时腾茬空地，深翻晒垡。播种前结合整地，每亩施腐熟有机肥 2 000 ~ 3 000 千克或豆类专用复合肥 30 ~ 50 千克，耙平整细。作畦方式可因地而异，南方多雨地区应尽可能采用深沟高畦，畦宽 1 ~ 2 米，沟宽 30 ~ 40 厘米，大小行种植。矮生品种可等行距种植。

（2）播种育苗　种子选择及播前处理见“保护地栽培”。露地栽培多采用直播。播种前整平作畦，打足底水，穴播或沟播。蔓生品种采用大小行种植，大行 60 ~ 70 厘米，小行 30 ~ 40 厘米，株距 25 ~ 30 厘米，搭“人”字架，矮生品种行距 33 厘米 ×33 厘米。播种时每穴 3 ~ 4 粒，播种深度 3 ~ 5 厘米，播后及时盖地膜（秋季栽培也可不盖地膜）。出苗后及时破膜引苗，防止灼伤，并封好膜口。秋播后为防暴雨冲刷或减少水分损失，保证全苗，可用遮阳网或旧农膜进行浮面覆盖，出苗后及时去除遮盖物。

（3）田间管理

① 确保全苗：直播菜豆由于土壤墒情、播种深度等原因常有缺苗及弱苗，因此确保全苗是获得丰产的重要基础。播种后要加强田间观察，出苗后及时破膜理苗，也可在播种时于穴旁畦边安排部分太平苗并及时选苗补苗，查苗补缺。

② 中耕除草：露地栽培的菜豆生长季节正处于植物生长的适宜时期，杂草生长旺盛，应及时中耕除草。苗期在雨后或施肥前除草 1 ~ 2 次，保持土壤疏松、透气。中耕时结合除草及时培土，促进不定根发育，从而促进植株旺盛生长。

③ 合理追肥：菜豆在苗期便进行花芽分化，矮生品种播种后 20 ~ 25 天、蔓生种大约 25 天时，植株营养生长加快，应及时追肥，尤其是氮肥，会促进花芽数量增加、分枝节位及坐荚节位降低。但苗期施氮过多，也会使植株茎叶柔嫩、易感病虫害。直播的一般在复叶出现时第 1 次追肥，育苗移栽的在定植后 3 ~ 4 天施 1 次活棵肥，以后再追肥 2 ~ 3 次。蔓生种在抽蔓、搭架前追 1 次肥，追肥量为每亩腐熟稀粪水 1 500 千克，最好加入过磷酸钙 25 千克。随着植株进入开花结荚期后，需肥量增加，此时应重施追肥，适应荚果迅速生长的需要。每亩施腐熟人、畜粪尿 2 500 ~ 5 000 千克，每 7 ~ 8 天施 1 次，矮生品种施 1 ~ 2 次，蔓生品种 2 ~ 3 次。如配合施用 2% 的过磷酸钙或 0.5% 的尿素作根外追肥，可有效减少落荚，增加荚重。

④ 引蔓搭架：蔓生菜豆抽蔓后要及时搭架，并定期人工引蔓上架，可用竹竿搭“人”字架，也可采用铁丝上吊银光塑料绳绑蔓栽培，既趋避蚜虫，又有利于透光透气，适用于病虫害的绿色防控。

⑤ 防止落花落荚见“保护地栽培”。

（四）合理采收

菜豆的豆荚必须适时采收，才能保证优质、高产。豆荚的食用成熟度，可根据豆荚的发育状态、外观形态、荚壁的硬度进行综合判断。一般情况下，开花后5～10天豆荚便明显伸长，10～15天便可采收嫩荚。气温低时，采收嫩荚可在开花后10～20天进行，气温高时在开花后约10天就可采收。从外形上看，一般当豆荚由扁变圆，颜色由绿转为淡绿，外表有光泽，种子略显露或尚未显露时即应采收。若采收过迟，则荚壁变硬，品质变劣，后期高温干旱及营养不足时更显突出。

矮生菜豆早春种植，定植后40天左右始收，一般采收期15～20天。蔓生菜豆早春定植后50天左右始收，一般采收期30～40天。

脱水和罐藏用的菜豆，产品规格要求严格，嫩荚在花谢后5～6天采收。粒用种在花后20～30天内完成种子发育后采收。同时，采收的标准还要根据不同的用途而有所区别。作为脱水加工用的，要采收较嫩的荚，一般每千克约340条；作为速冻和制罐加工用的，每千克240条左右；作为供应市场用的，每千克110～200条。

三、豇豆

（一）概况

豇豆（图 3–1）是豆科豇豆属一年生缠绕性草本植物，又称饭豆、腰豆、长豆、裙带豆、浆豆。据传原产于印度和中东地区，但我国很早就有栽培，南北方各地均有栽培，以南方各省市栽培较多。

图 3–1　豇豆的植株

1. 豇豆的经济价值

豇豆主要以鲜豆荚供食用，可清炒，可凉拌，可加入青椒等辅助材料煎炒，也可以腌渍制作小菜，为佐餐之佳品（图 3–2），是夏秋季上市供应的重要蔬菜。

图 3–2　豇豆的嫩荚

豇豆的嫩荚和籽粒含丰富的维生素B、维生素C和植物蛋白质，具有较高的营养价值。含有易于消化吸收的蛋白质，还含有多种维生素和微量元素等，所含磷脂可促进胰岛素分泌，是糖尿病患者的理想食品（表3–1）。但豇豆要烹饪熟透后食用，不熟的豆角易导致腹泻、中毒。

表3–1　豇豆每100克可食部分中的主要营养成分

营养成分	含量	营养成分	含量
能量／千焦	184	蛋白质／克	3.3
脂肪／克	0.3	饱和脂肪酸／克	0.1
单不饱和脂肪酸／克	0.1	糖／克	5.0
碳水化合物／克	9.5	膳食纤维／克	3.3
钠／毫克	4	维生素A／微克视黄醇当量	68
维生素C（抗坏血酸）／毫克	33.0	维生素E／毫克 α－生育酚当量	0.49
维生素K（微克）	31.5	维生素B_1（硫胺素）／毫克	0.15
维生素B_2（核黄素）／毫克	0.14	维生素B_6／毫克	0.17
烟酸（烟酰胺）／毫克	1.20	叶酸／微克叶酸当量	53
钾／毫克	215	磷／毫克	65
钙／毫克	65	镁／毫克	58
锌／毫克	0.34	铁／毫克	1.0

豇豆还有一定的保健功效，食用嫩荚和籽粒能安神醒脑，还可调理消化系统，消除胸膈胀满。豇豆性平、淡、微温，归脾、胃经，化湿而不燥烈，健脾而不滞腻，为预防脾虚湿停常用之

品。还有调和脏腑、安养精神、益气健脾、消暑化湿和利水消肿的功效。

2. 形态特征

（1）根　豇豆根系发达，成株主根长达 80 ～ 100 厘米，侧根可达 80 厘米，主要根群集中分布于地表 15 ～ 18 厘米耕作层内。根瘤菌较少，不及其他豆类蔬菜发达。

（2）茎　豇豆有矮生、蔓生和半蔓生 3 种。矮生种茎蔓直立或半开放，花芽顶生，株高 40 ～ 70 厘米；蔓生种茎蔓直，生长旺盛，长达 300 厘米以上；半蔓生种茎蔓生长中等，一般高 100 ～ 200 厘米，蔓生种或半蔓生种，均为花序侧生，茎蔓呈左旋性缠绕。

（3）叶　叶除基生叶为对生单叶外，其余均为三出复叶、互生。小叶盾形、菱卵形或长圆形，叶肉较厚，叶面光滑，深绿色，基部有小托叶。叶柄长 15 ～ 20 厘米，绿色，近节部分常带紫红色（图 3–3）。

图 3–3　豇豆的复叶

（4）花　花为蝶形花，总状花序，每序花有 4 ～ 6 朵，近似成对着生。花序柄长 10 ～ 16 厘米，也有 2 ～ 3 厘米的短花枝，这种花枝结荚能力较差，为无效花枝。花多为紫红色至紫蓝色或浅黄色至乳白色，于夜间始开，上午日出前后盛开，午前闭合。凡以主蔓结果的品种，第 1

花序着生节位，早熟品种一般 3 ~ 5 节，晚熟品种为 7 ~ 9 节。以侧蔓结果的品种，分枝性较强，侧蔓第 1 节位即可抽生花序。各花序第 1 对花开放坐荚后，经 5 ~ 6 天第 2 对花相继开放。每序一般结成 1 对果荚，若水肥充分，管理精细，条件适宜，可陆续坐荚 2 ~ 3 对，甚至多达 4 ~ 6 对。

（5）果实　果荚颜色有深绿、淡绿、紫红或间有花斑彩纹等。长荚种果长 30 ~ 90 厘米，短荚种果长 10 ~ 30 厘米。每荚种子数 10 ~ 24 粒。

（6）种子　种子形状为肾形，种皮呈红色、黑色、红白或黑白相同。种皮色泽深浅与花色有密切关系，凡花为紫蓝色的品种，种皮颜色较深；白花品种，种皮则多为浅色。

3. 生长发育及对环境条件的要求

（1）生长发育　豇豆自播种至嫩豆荚或豆粒成熟的生育过程分为发芽期、幼苗期、抽蔓期和开花结荚期 4 个时期。

① 发芽期：自种子萌动至第 1 对真叶开展。温度在 20 ~ 30℃范围内且湿度适宜，6 ~ 7 天发芽。第 1 对真叶为单叶对生，其后真叶为互生的三小叶复叶。在发芽期，控制水分的同时，要提供疏松、透气和排水良好的土壤环境。

② 幼苗期：自第 1 对真叶开展至具有 7 ~ 8 片复叶。此期为 15 ~ 20 天，如遇 15℃以下的较低温度和阴雨，幼苗容易坏根，轻则停止生长，重则死苗。夏季高温，易引发猝倒病。

③ 抽蔓期：自 7 ~ 8 片复叶至植株现蕾。此期适宜有较高的温度和良好的光照，若土壤水分含量过高，则不利于根的发育和根瘤菌形成。抽蔓期一般 10 ~ 15 天。

④ 开花结荚期：自植株现蕾至豆荚采收结束或种子成熟，一般为 50 ~ 60 天。现蕾至开花 5 ~ 7 天，开花至豆荚商品成熟约 10 天，至豆荚成熟还需 10 ~ 20 天。

（2）对环境条件的要求 主要分为温度、光照、水分、土壤及养分等方面。

① 温度：豇豆喜温耐热，对低温反应敏感，整个生育期需在无霜条件下度过。种子发芽适温为 25 ~ 35℃，低于 8℃时不能发芽。植株生长最适宜温度为 20 ~ 25℃，开花结荚期最适宜温度为 25 ~ 28℃，35℃以上时开花结荚能力下降。豇豆不耐低温，低于 14℃时根毛生长受阻，植株在 10℃以下不能生长，5℃以下植株受害明显，0℃即枯死。

② 光照：豇豆属于短日照作物，但多数品种对光照要求不严，在较长和较短的日照条件下都可开花结荚，但短日照有提早开花、降低开花节位的作用。豇豆喜光，开花结荚期间需要良好的光照，若光线不足，则易引起落花落荚。

③ 水分：豇豆根系发达，吸水力强，叶面蒸腾量小，所以比较耐旱。一般发芽期和幼苗期需水量较小，水分过量易导致发芽率降低，或使幼苗徒长，甚至烂根死苗。初花期对水分敏感，水分过多极易徒长，引起落花落荚。结荚期需要大量水分，高温干旱常引发落荚现象。豇豆生长期适宜的空气相对湿度为 55% ~ 60%。

④ 土壤及养分：豇豆对土壤的适应性好，只要排水良好的疏松土壤均可栽培，以沙壤土为最好。土壤最适宜的 pH 值为 6.2 ~ 7.0。豇豆结荚时需要大量的营养物质，且其根瘤菌不发

达，因此必须提供一定数量的氮肥。豇豆对磷肥、钾肥要求较多，在基肥和追肥中应偏重于磷肥、钾肥。增施磷肥、钾肥还可以促进根瘤菌活动，促使豆荚充实，产量增加。

（二）类型与品种

豇豆的品种分类除按生长习性分类外，还可按着花节位分为早熟、中熟和晚熟类型；按荚色分为白荚、绿白荚、青荚、紫荚和绿荚类型。

1. 类型

（1）白荚类型 一般称白豆角。茎蔓较粗大，叶面较大而稍薄，绿色。荚果肥大、白色，荚肉较厚、质地较疏松，种子易显露。耐储性差，耐热性强，产量较高。多适于春夏秋种植。如银龙、杜豇等（图 3–4）。

图 3–4　白荚类型豇豆

（2）绿白荚类型 一般称绿白豆角。茎蔓较粗大，叶面较大而稍薄，绿色。荚果较肥大，有浅绿色或绿白色，荚肉较薄、质地较疏松，种子易显露。耐储性差，耐热性强，产量较高。多适于春夏秋种植。如美满天下、春兰秋菊、尤美、新绿领 33、之豇 28–2、扬豇 40、早豇 208、龙冠、小五叶等（图 3–5）。

图 3–5　绿白荚类型豇豆

（3）青荚类型　一般称油青豆角。茎蔓较细，叶面小，绿色。荚果肥大，荚肉厚、质地密实，种子不易显露。耐储性好，耐热性强，产量稍低。多适于夏秋种植。如山青水绿、财源广进、金玉满堂、油青王等（图 3–6）。

图 3–6　青荚类型豇豆

（4）紫荚类型　一般称紫豇豆。茎蔓较粗壮，茎蔓和叶柄之间有紫红色。叶片较长，绿色。荚果较粗，长短不等，呈紫红色。如绿领红帅、春秋红、绿领红、紫秋豇、紫秋豇 6 号 、江西的赣秋红等（图 3-7）。

图 3-7　紫荚类型豇豆

（5）**绿荚类型**　一般称绿豆角。茎蔓较粗大，叶面较大而稍厚，浓绿色。荚果细长，荚肉较薄、质地较密实，种子不易显露。耐储性差，耐寒性较强，产量高。多适于春秋种植。如绿帅、绿先锋 2 号、辽宁的黑眉 6 号、黑眉 3 号等（图 3-8）。

图 3-8　绿荚类型豇豆

2. 品种

（1）银龙　白条，植株蔓生，分枝较多；叶大色浓，长势旺盛，嫩荚长 70 厘米左右，单荚重约 40 克，银白色，荚粗肉厚质嫩；不易老化，商品性极佳，宜作春秋两季种植（图 3–9）。

（2）早豇 208　绿白条，极早熟品种，主蔓 2 ~ 3 节始花，坐荚集中；特丰产，后劲足，叶小荚多，品质优，荚长 70 ~ 75 厘米，整齐，肉厚，耐鼓籽，无鼠尾。全能性，抗病、耐寒、耐高温，春夏秋均可种植（图 3–10）。

（3）龙冠　绿白条，早熟品种，叶片较小，主蔓 3 节始花；嫩荚绿白色，荚长 80 ~ 85 厘米，籽红色；春秋兼用型早熟丰产品种，早期产量比玉龙增产 20%，一般亩产 2 500 千克左右（图 3–11）。

（4）美满天下　绿白条，中早熟品种；荚嫩绿色，荚长 75 ~ 80 厘米，荚尖钝圆，荚面光滑，耐老化，无鼠尾，适宜春秋露地种植。我国南北方地区均可种植，是南菜北运最理想的品种之一（图 3–12）。

（5）春兰秋菊　绿白条，中早熟品种，植株生长强壮；主蔓 3 ~ 4 节着生第 1 花序，叶色绿，叶片大小中等，无分枝，中下层开花结荚集中，条荚顺直；商品荚嫩绿色，荚长 80 厘米左右，荚粗 0.95 厘米左右；耐储运，耐热，不鼓籽，条荚上下粗细均匀顺直，双荚率高，荚尖钝圆。商品性好，抗病性强，适宜在 20 ~ 33℃的条件下生长，比同类产品增产 25% 左右，是南菜北运最理想的品种之一（图 3–13）。

（6）油青王　青条，中熟品种；豆荚翠绿色，耐高温，荚长 70 厘米左右；肉质脆嫩、爽甜，不易老化，亩产 2 000 ~ 2 500 千克（图 3–14）。

图 3-9　豇豆品种——银龙

图 3-10　豇豆品种——早豇 208

图 3-11　豇豆品种——龙冠

图 3-12　豇豆品种——美满天下

图 3-13　豇豆品种——春兰秋菊

图 3-14　豇豆品种——油青王

（7）绿先锋 2 号　绿条，新育成品种，生长势强；每个花序平均坐荚 3 ~ 4 个，籽白色，商品荚长平均为 90 厘米，最长可达 100 厘米；抗性强，采收期长，适宜各地春夏秋栽培（图 3-15）。

图 3-15　豇豆品种——绿先锋 2 号

（8）苏豇 1 号　由江苏省农业科学院蔬菜研究所以宁豇 3 号、镇豇 1 号为杂交亲本，采用系谱选育法，于 2006 年育成，

图 3-16　豇豆品种——苏豇 1 号

属中熟长荚品种。植株生长势强，结荚性好；豆荚扁圆形，绿白色，种子红褐色。煮、炒易烂，腌制时不易腐烂、较脆，口感风味较好。适宜江苏春季大棚或秋季露地栽培（图 3–16）。

（9）荚满园九号　四川春满园农业科技有限公司新研发推出的绿荚早中熟品种。该品种高抗枯萎病、病毒病，适应性广。植株蔓生，叶片大小中等，生长旺盛，分枝中等；主蔓结荚为主，始花节位 3 ~ 4 节，荚长 85 ~ 90 厘米，荚条嫩绿色有光泽，光滑顺直，粗细均匀，无鼠尾；花穗长，结双荚比例高，持续结荚能力强，采收期长。荚条肉厚，品质好，耐老化、耐储运，商品性佳（图 3–17）。

图 3-17　豇豆品种——荚满园 9 号

（三）高产优质生产技术

1. 栽培季节及方式

豇豆为喜温蔬菜，不耐霜冻。如选用大棚等保护设施，春季宜选择对光照要求不严格的品种，可进行春季提早栽培，产品提早上市，提高经济效益；秋季选用耐热、抗病的品种，进行秋延后栽培。露地栽培一般以春季直播为主。

（1）春提前栽培 利用大棚或中小棚良好的采光和保温效果，促进豇豆早生产、早上市。春提前栽培多采用育苗移栽的方式，长江流域一般2月中下旬播种，3月中下旬定植，4月下旬至5月初开始采收上市。

（2）露地栽培 在露地条件下，豇豆一年可播种3次，播种期应当安排在生育期最佳与效益最佳的时期。春播一般在3月下旬播种，采用地膜覆盖，5月下旬上市；夏播一般在5月上旬播种，7月中旬上市；秋播一般在7月底至8月上旬播种，9月上中旬上市。

（3）秋延后栽培 秋延后一般在8月上旬直播，避免与露地秋豇豆的收获期相遇。一般在9月中下旬采收上市，生长后期覆盖大棚等保温设施，延长采收期，提高产量。

2. 保护地栽培

（1）播种育苗

① 营养土配制：选择肥沃田土6份，腐熟有机肥4份，每立方米床土中再加入过磷酸钙5 ~ 6千克、草木灰4 ~ 5千克，将上述肥料整细过筛混合均匀，掺入0.05%的敌百虫和多菌灵后覆盖1层薄膜，堆积10天左右，摊开放置2 ~ 3天待农药气味散尽即可使用。

② 种子处理及播种：播种前晒种1 ~ 2天，必要时采取高温烫种，杀灭种皮表面的病原菌和虫卵。方法是先用75℃热水烫

种，然后迅速冷却到 25 ~ 28℃浸种 4 ~ 6 小时，种子表面晾干后播种。播种时先浇 1 次透水，挖 2 ~ 3 厘米深的小穴，每穴放入种子 4 粒，上盖 3 厘米厚细土，再覆盖 1 层农膜保湿。

③ 播种后管理：春季育苗播后苗床温度控制在 25 ~ 30℃，如果温度较低，需搭建小拱棚，夜间加盖草帘或无纺布保温。播种后 4 ~ 5 天开始出苗，当有 30% 左右的种苗出土后，及时揭去农膜。当多数种子出苗后，应降低苗床温度，使白天温度保持在 20℃左右，最高不超过 25℃，夜间最低温度不低于 15℃。齐苗 4 ~ 5 天后开始进行炼苗，炼苗期间，夜间的最低温度不能低于 10℃。

（2）整地施肥 选择地势高燥、土层深厚、有机质丰富、排灌方便的地块。定植前 10 ~ 15 天整地施基肥，一般每亩施充分腐熟的有机肥 2 000 ~ 3 000 千克、过磷酸钙 25 ~ 30 千克、草木灰 75 ~ 100 千克，可沟施也可撒施。整地后，1 个标准大棚作成 4 畦，畦面宽 100 ~ 110 厘米，沟宽 40 厘米，畦高 20 ~ 25 厘米，平整畦面后覆盖地膜。

（3）定植 春提前栽培在幼苗第 1 对真叶形成，尚未完全展开时定植。一般在 3 月中下旬，选择冬春交接的晴天，采用双行定植，穴距 25 ~ 30 厘米，每穴 2 ~ 3 株。

秋延后栽培多采用田间直播。播前打好播种穴并浇足底水，每穴播种 3 ~ 4 粒，盖 3 ~ 4 厘米厚的细土。秋延后栽培的密度应小于春提前栽培，穴距 20 ~ 25 厘米。有地膜覆盖的在苗现青后破膜，半个月后第 4 片真叶前间苗定苗。

（4）田间管理

① 温度管理：春提前栽培的在定植成活前应保持较高棚温，白天保持在25～30℃，夜间保持在15℃以上以促进缓苗。早春若温度尚低，定植后应搭小拱棚覆盖保温，若有强冷空气来临，或夜间温度较低，则还需要加盖草帘或无纺布。缓苗以后，棚温白天保持在22～25℃，夜间不低于15℃。若棚温高于30℃，即通风降温。进入开花期后，白天棚温以20～25℃为宜，夜间不低于15℃。当外界气温稳定在20℃以上时，可以逐渐撤去棚膜。

秋延后栽培在气温降至15℃时开始扣棚膜。扣棚前期要昼夜大通风，以降低棚内温度和湿度，白天控制温度在20～25℃，夜间为15～20℃。随着外界气温降低，逐渐减少通风量，当外界气温降至12℃左右时，夜间关闭风口，白天放风。外界气温降到10℃左右时，密闭保温，昼夜不通风。

② 水肥管理：水肥管理要做到“前控后促”。开花结荚前控制肥水，防止徒长，若肥水过多，茎叶生长过旺，导致花序少且开花部位上升，易造成中下部空蔓。结荚后，加强肥水管理，促进结荚。

缓苗阶段不施肥不浇水，若定植水不足，可在缓苗后浇缓苗水，至开花前一般不追肥不浇水。结荚初期开始浇第1次水，每亩追施尿素10～15千克。结荚盛期是需肥高峰，要集中连续追肥3～4次，每亩施三元复合肥10～15千克，并及时浇水，一般每7～10天浇水1次。

秋延后栽培开花结荚前控制浇水，开花结荚后，幼荚长5～6厘米时，开始第1次追肥浇水。每10天左右浇1次水，每浇

2 次水，追肥 1 次。可冲施粪肥，或追施化肥，每亩施腐熟人、畜粪尿 500 千克，或三元复合肥 10 ～ 15 千克。扣棚后温度逐渐降低，要逐步减少追肥浇水，防止病害发生。

③ 整枝搭架：大棚栽培以蔓生豇豆为主，一般应在植株 5 ～ 6 叶期开始“甩蔓”时搭架引蔓。用 2.0 ～ 2.5 米长的竹竿搭人字架，每穴在距植株基部 10 ～ 15 厘米处插入 1 根，中上部 4/5 的交叉处放 1 根竹竿用绳子扎紧作横梁。初期的茎蔓缠绕能力不强，选择在下午茎蔓较柔韧时，人工辅助按逆时针方向引蔓 2 ～ 3 次。当植株长至一定大小时，需进行整枝，即将主蔓第 1 花序以下的侧枝长到 3 厘米时全部抹除，主蔓第 1 花序以上的侧枝留一叶摘心，以促进开花结荚。如植株生长健壮，也可于中后期侧枝留几叶再摘心，利用侧蔓结荚。当主蔓长到 2.0 ～ 2.3 米时打顶，促进各花序上的副花芽形成，也方便采收豆荚。进入采收后期，应根据植株生长情况摘除基部的老叶、病叶。

④ 防止落花落荚：合理密植，及时搭架，创造良好的通风透光条件。开花期注意温度和湿度的管理，防止温度和湿度过高或过低。追肥浇水掌握好促控结合，早期不偏施氮肥，要增施磷肥、钾肥。及时防治病虫害，促进植株健壮。及时采收，防止果荚之间争夺养分。还可以于开花初期喷施生长调节剂，如萘乙酸或对氯苯氧乙酸，以提高坐荚率。

3. 露地栽培

（1）整地施肥　豇豆忌连作，需轮作 2 年以上，否则容易发生病害。对土壤的要求见“保护地栽培”。前作收获后深耕 20 ～ 30 厘米，亩施腐熟有机肥 2 000 ～ 3 000 千克，过磷酸钙

25 ~ 30 千克，草木灰或砻糠灰 50 ~ 75 千克或硫酸钾 10 ~ 20 千克。酸性土壤可适当增施生石灰 75 ~ 100 千克，然后将土打碎耙平，作成畦面宽 100 ~ 110 厘米的高畦，畦高 20 ~ 25 厘米，沟宽 40 厘米。

（2）播种育苗　早春豇豆由于气温低，雨水多，提倡育苗移栽，育苗方法见“保护地栽培”。夏秋豇豆多采用直播，每穴播种量少则 3 ~ 4 粒，多至 4 ~ 5 粒，出苗后每穴间苗留至 2 株。播种密度为每畦 2 行，株距 25 ~ 30 厘米。为确保全苗，播前浇水造墒，乘墒播种，或者播种后浇水保持田间土壤水分，5 ~ 6 天即可齐苗。

（3）田间管理

① 肥水管理：春季栽培田间管理重点是防早衰，前期肥水要适当控制，如底肥不足、追肥偏少，要结合浇水追肥，力争达到壮苗早发。待第 1 花序坐荚后，逐渐增加肥水，促进生长、多开花、多结荚。豆荚盛收开始，要连续重施追肥，每隔 4 ~ 5 天追肥 1 次，连续追 3 ~ 4 次，可每亩穴施普通复合肥 40 ~ 50 千克或人、畜粪尿 1 000 千克，施肥后浇水。

夏季栽培的由于天气炎热干燥，植株吸收肥水快，田间管理的重点是浇水保湿。肥少苗弱，中午出现萎蔫时，要于凌晨天凉地凉水凉时结合浇水施肥，肥足苗壮的酌情追肥。开花结荚后期要注意追肥，以防植株脱肥早衰。另外，整个生长期间遇雨应排除田间积水，以免烂根、掉叶、落花。

秋季栽培的则应一促到底。于第 1 真叶、第 4 真叶时每亩穴施复合肥 15 千克，伸蔓后在畦中心每亩施尿素 10 ~ 15 千克，结荚后再视长势酌情追肥。

② 植株调整：见“保护地栽培”。

③ 防止落花落荚：见“保护地栽培”。

（四）合理采收

豇豆是陆续采收的作物，一般开花后 10~20 天豆粒略显时及时采摘，以减少对其他小果荚和植株的影响。初期每 5~6 天采收 1 次，盛期 3~5 天采收 1 次。豇豆每个花序有 2 对以上花芽，采收时注意不要损伤其余花芽，更不要连花序一起摘取。采收方法是在嫩荚基部 1 厘米处掐断或剪断。采摘最好在下午进行，以防碰伤茎蔓和叶片。

四、毛豆

毛豆的专业名称是菜用大豆，是豆科大豆属的栽培种，主要指在鼓粒期至生理成熟期之间收获的嫩豆荚。我国称之为毛豆，日本则称之为枝豆。毛豆原产于我国，有4 000多年的栽培历史，长江流域及西南地区普遍栽培，为当地夏秋季的主要蔬菜之一（图4-1）。

图4-1　毛豆植株

（一）概况

1. 毛豆的经济价值

毛豆是一种营养极其丰富的生鲜食品。鲜嫩豆粒可直接炒食、煮食，风味鲜美，也可速冻、制罐，出口创汇；老熟干粒可加工成豆腐或生产豆芽等多种制品，食用方便，并具有养生滋补的保健功效。毛豆越来越受到国内外消费者的喜爱，如日本已发展成为世界上毛豆消费量最大的国家，每年的消费量在16万吨以上，其中40%由国外进口。目前毛豆正从亚洲市场逐渐风靡欧美市场，速冻毛豆走俏国际市场，为我国发展毛豆出口创汇提供了较大的市场空间（图4–2）。

图4–2　毛豆荚果

毛豆的营养价值在所有豆荚类蔬菜中居首位，含有丰富的植物蛋白质，不仅有脂肪酸、植物糖纤维以及人体必需的各种氨基酸、矿物质、维生素，同时还含有叶酸、异黄酮、大豆黄酮苷、皂苷及烟酸等多种营养物质，脂肪含量高而胆固醇含量却很低，是理想的营养蔬菜（表4–1）。

表4–1　100克毛豆可食部分中的营养成分表

营养成分	含量	营养成分	含量
能量/千焦	550	蛋白质/克	13.1
脂肪/克	5.0	碳水化合物/克	10.5
不溶性膳食纤维/克	4.0	维生素A/微克视黄醇当量	22
钠/毫克	4	维生素E/毫克 α–生育酚当量	2.44
碳水化合物/克	10.5	维生素B_1（硫胺素）/毫克	0.15
维生素B_2（核黄素）/毫克	0.07	维生素C（抗坏血酸）/毫克	27.0
钾/毫克	478	镁/毫克	70

续表

营养成分	含量	营养成分	含量
钙 / 毫克	135	铁 / 毫克	3.5
锌 / 毫克	1.73	磷 / 毫克	188
硒 / 微克	2.5	铜 / 毫克	0.54
锰 / 毫克	1.20		

毛豆的嫩、老豆粒均有保健功效，性平味甘，可清热、通便、利尿、解毒，对肥胖、高血脂、高血压、糖尿病等症有预防和缓解作用。黄豆做成的豆浆，性平味中，可补虚润燥、清肠化痰；制成豆腐，性淳味甘，可宽中和脾、清热解毒。黄豆渣也含有丰富的易被人体吸收的钙，对老年人减缓骨质疏松、防止动脉硬化有良好的效果。在国内，毛豆被人们视为最美味、最富营养的绿色保健蔬菜之一。

2. 形态特征

（1）根　毛豆根系发达，近地面 7 ~ 8 厘米处主根较粗，侧根水平伸展 40 ~ 50 厘米后入土深 1 米左右。根系再生能力弱，育苗移栽的根系受抑制，分枝较晚，因此移苗应在小苗时进行。毛豆根系有根瘤菌产生，形成根瘤，根瘤主要分布在 2 ~ 20 厘米土层中。根瘤菌的繁殖需要从毛豆植株得到碳水化合物和磷，施足磷肥，培育壮苗，满足根瘤菌发育所需营养，则根瘤形成早，数量多，从而固氮量多，植株生长旺盛。

（2）茎、叶　毛豆茎直立或半直立，圆形而有不规则棱角，被灰色至黄褐色茸毛，茎绿或紫色，老茎灰黄或棕褐色。

初生叶1对互生，以后为三出复叶，小叶卵圆形，叶间被茸毛或无，叶腋抽出分枝或不分枝（图4–3）。

图4–3　毛豆的茎和叶

（3）花、荚　花序为短总状花序，腋生或顶生，花小，白色或紫色，自花授粉。

每花序结荚3 ~ 5个，荚果矩形扁平布茸毛，茸毛白色或褐色。每荚种子数1 ~ 4粒。

毛豆品种依开花结荚习性，分为有限生长习性和无限生长习性。有限生长习性的主侧枝生长到一定程度顶芽为花序，主茎上部先开花，后向上或向下延续开花，花期较集中，果荚主要着生在主茎中部。无限生长习性的植株，接近主茎基部的叶腋先抽生花序，以后向上逐步抽生花序开花，其花期较长，同一株上的种子差异较大（图4–4）。

图4–4　毛豆的豆荚

（4）种子　毛豆种子形状有圆形、椭圆形、扁圆形等。作为蔬菜食用的主要是其嫩种子，颜色大多为绿色，老熟后呈黄、青、黑、紫等多种颜色。干豆千粒重 100 ~ 500 克。种子大小因品种而异，食用要求粒大易煮熟。花序数、每序结荚数、每荚含种子数和种子大小，是形成单株产量的重要因素（图 4–5）。

图 4–5　毛豆的种子

3. 生长发育及对环境条件的要求

（1）生长发育　毛豆生长发育过程经历发芽期、幼苗期、开花结荚期、鼓粒成熟期 4 个时期。

① 发芽期：从种子萌发到子叶展开。

② 幼苗期：从子叶展开到植株开始分枝（或第 2 复叶初展）。第 1 复叶展开，第 3 复叶初现时开始花芽分化，分化期 25 ~ 30 天。

③ 开花结荚期：始花到幼荚形成，单株花期有限生长习性的品种 20 天，无限生长习性的品种 30 ~ 40 天或更长。

④ 鼓粒成熟期：幼荚形成到籽粒成熟。

（2）对环境条件的要求

① 温度：毛豆发芽始温 10 ~ 11℃，适温 20 ~ 22℃。生长适温 20 ~ 25℃，–5℃以下受冻害。开花结荚适温 22 ~ 25℃，短期 –0.5℃时花果受害。鼓粒成熟的适温 19 ~ 20℃。成熟株 –3℃冻死。

② 光照：毛豆为短日照作物，多数品种在 12 小时左右光照

下形成花芽，延长光照抑制发育。有限生长习性和南方极早熟品种对日照长短要求不严，春、秋两季均能开花结实。北方品种南引，往往提前开花；南方品种北移，因日照由短变长，往往推迟开花，如遇秋季寒潮来临较早，易遭霜冻，造成减产减收。

③ 土壤及肥水：毛豆对土壤要求不严，适应性强。忌连作，适于在 pH 值 6.5 ～ 7.0、排水保水良好的壤土上生长。毛豆种子萌发时需要较多水分，但播种时雨水过多也要注意排水防烂籽。苗期怕涝，适宜土壤水分含量为田间最大持水量的 60% ～ 65%。分枝期需水量多，干旱不利于花芽分化。开花结荚到鼓粒成熟期需水量较大。毛豆幼苗根系生长较快，根瘤固氮能力强，苗期施少量氮肥，可提高产量，改善品质，促进发根及分枝。在重施基肥的基础上，生长中后期及时追施适量的速效氮肥和磷肥、钾肥。

（二）类型与品种

毛豆依其开花结果习性可分为有限生长习性和无限生长习性。根据对光周期反应的不同，分为短日照弱的、短日照强的及中间性的三大类，并结合生产相应地分为早熟品种、晚熟品种和中熟品种。从食用特点分，可分为粮用大豆和菜用大豆。在我国，粮用大豆和菜用大豆没有严格的区分。在日本，毛豆则是一种完全不同于粮用大豆的色、香、味俱佳的保健蔬菜，对其商品质量也有严格要求：灰白毛、薄壳、大荚、大粒、出豆粒高，每荚豆不少于 2 粒，成熟度一致，鲜籽粒酥糯香甜，一般总糖含量应在 6% 以上，每千克成品荚不超过 340 荚，漂烫后色泽鲜绿，口感好，易蒸煮，速冻后不变硬。

1. 早熟品种

（1）早生白鸟　江苏省农业科学院蔬菜所从日本引进品种中选育而成。株高 45 ~ 55 厘米；结荚多且大，白毛，每荚有籽 2 ~ 3 粒，大粒，单荚重 3 ~ 4 克，早熟，从播种至采收仅需 65 天左右。对光周期反应不敏感，适宜全国大多数地区种植。

（2）95—1　上海市农业科学院选育并通过审定的特早熟鲜食菜用大豆。植株较矮，生长势中等；株高 40 ~ 45 厘米，有限生长习性；坐荚密集，豆荚大而饱满，荚长 4.5 ~ 5.0 厘米，荚宽 1.1 ~ 1.2 厘米，单荚重 2.5 克。豆粒鲜绿，极易煮酥，口感甜糯，风味佳。耐寒性强，极适于早春大小棚保护地栽培及春季露地栽培。

（3）台湾 75　我国台湾地区育成的毛豆专用品种，春栽全生育期 75 ~ 80 天。植株生长旺盛，株形紧凑，耐肥耐倒伏；株高 60 ~ 70 厘米，有限生长习性；单株结荚 30 ~ 40 个，荚大而扁；豆粒色绿，清香可口，糯性极好，豆荚茸毛灰白色，鲜豆百粒重 70 ~ 80 克，干豆千粒重 300 克以上。是国际市场的畅销品种，也是国内目前出口创汇的主要品种。

（4）春丰早　株高 55 厘米左右，主茎 6 ~ 9 节，分枝数 3 ~ 4 个；叶片卵圆形，白花、灰毛，单株结荚 25 ~ 30 个；荚绿色，2 ~ 3 粒荚居多，百荚鲜重 230 克，鲜豆百粒重 68 克。早熟品种，播种至采收鲜荚需 60 天左右，有限生长习性，株形紧凑（图 4–6）。

（5）沈鲜二号　沈阳龙丰种业有限公司提供。株高 60 ~ 65 厘米，分枝性强，分枝 3 ~ 4 个；单株结荚数 25 ~ 35 个，荚色

图 4-6　毛豆品种——春丰早

图 4-7　毛豆种子——辽鲜 1 号

翠绿，籽粒大，商品性好，鲜豆百粒重 50 ~ 70 克。全生育期 80 ~ 85 天，丰产性好，产量高，抗病性略差，适宜作春季露地栽培。亩产鲜豆荚 750 千克左右。

（6）辽鲜 1 号　辽宁省农业科学院油料所经有性杂交选育而成。该品种株高 35 ~ 50 厘米；白花，圆叶，灰毛，绿种皮，黄子叶，淡褐脐；脂肪含量 19.7%，蛋白质含量 44.1%；鼓粒期荚大，籽粒丰满，鲜食口感好，鲜荚成品率高；亩产鲜豆荚 800 千克以上，播种至始收 65 ~ 75 天。抗病抗倒伏，适于南北方青毛豆鲜食（图 4-7）。

（7）台湾 292　从我国台湾地区引种并经内地繁育推广的优良品种。早熟优质，风味独特，既可国内鲜销，又可速冻加工出口创汇。植株生长势强，株形紧凑，株高 45 ~ 55 厘米，主茎粗大，分枝不发达，有限生长习性，结荚较密；单株结荚

21 ~ 24 个，单株豆粒数 42 ~ 46 粒，鲜豆百粒重 60 ~ 65 克；鲜荚色泽美观，2 ~ 3 粒荚居多，豆粒饱满充实，商品性好，产量高。生育期 65~75 天，亩产鲜豆荚 500 ~ 610 千克。

2. 中熟品种

（1）辽鲜 10 号　辽宁省农业科学院作物研究所于 1994 年以辽鲜 1 号为母本、台湾 75 为父本进行有性杂交，经系谱法选育而成。有限生长习性，株形收敛，株高约 36 厘米，分枝 3 ~ 4 个；白花，单株有效荚数平均 31.4 个，籽粒绿色、圆形、整齐。全生育期 108 天，亩产鲜豆荚 820 千克。

（2）绿领 1 号　南京绿领种业有限公司由山东引进品种富贵 306 经系统选育，于 2002 年育成。出苗势强，叶卵圆形，色淡绿，白花，鲜荚茸毛灰色，有限生长习性，株形较紧凑；煮熟的豆仁有甜味，糯性中等；干籽粒种皮淡绿色，子叶黄色。田间花叶病毒病发生较轻，抗倒伏性强（图 4–8）。

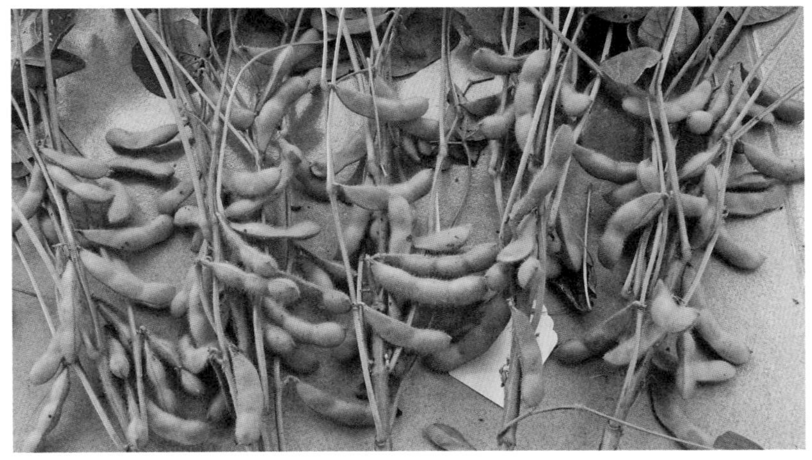

图 4–8　毛豆品种——绿领 1 号

3. 晚熟品种

（1）大青豆　江苏南京地区地方品种，植株蔓生，生长势强；株高 100 厘米，开展度 75 厘米，分枝 10 ～ 11 个；叶片绿色，有棕色茸毛，叶长 14 厘米，宽 7 厘米；花朵红色；嫩荚绿色，镰刀形，顶端钝尖，荚表面被白色茸毛，荚长 6.2 厘米，宽 1.3 厘米，厚 0.9 厘米，单荚重 3 ～ 4 克；单荚含种子 2 ～ 4 粒，老熟种子绿色、椭圆形、籽粒大，嫩荚品质优；亩产鲜豆荚 500 ～ 600 千克，宜作夏秋栽培。6 月中下旬点播，行株距 33 厘米 ×30 厘米，每穴 3 ～ 4 粒，10 月中下旬收获。

（2）通州豆　江苏南通地区地方品种。植株矮生，生长势强；株高 75.4 厘米，开展度 71 厘米；叶片绿色，花紫色；嫩荚绿色，镰刀形，荚表面有褐色茸毛，荚长 8.5 厘米，宽 1.4 厘米，厚 0.8 ～ 0.9 厘米，单荚重 3 ～ 4 克；单荚种子数 3 ～ 4 粒，嫩荚品质中等。中晚熟，耐热、耐湿，适应性强，宜作夏秋栽培，5 月下旬至 6 月上旬点播，9 月下旬至 10 月上旬收获，亩产鲜豆荚 600 ～ 700 千克。

（3）夏丰 2008　浙江省农业科学院蔬菜研究所选育的优质夏毛豆专用新品种。有限生长习性，耐高温性强，夏播出苗整齐，生长势强，根系发达，茎秆粗壮，株形紧凑，耐肥，抗病、抗倒性好，全生育期 80 天左右；株高 58 厘米，白花，单株结荚 32 个左右，3 粒荚比例高，商品性好；豆荚鲜绿，灰毛，荚宽 1.2 ～ 1.3 厘米，荚长 5.1 厘米；豆粒种皮绿色，有光泽，籽粒饱满，鲜豆百粒重 73 克；肉质细糯，略带甜味，易煮酥，口感好，品质优，适于作鲜食、速冻和脱水加工。亩产鲜豆荚 520 ～ 540 千克。

（三）高产优质生产技术

毛豆的栽培方式比较简单，主要有早春保护地促成栽培，春、秋露地栽培及保护地秋延后栽培 3 种形式。

1. 保护地栽培

（1）整地与施肥　毛豆不耐肥，宜选择光照条件好、排灌方便、土壤肥力中等、土质疏松的地块种植，最好实行 2 年以上轮作。

前茬收获后及时进行深耕晒垡，要求深翻土层 20 厘米以上。每亩施腐熟有机肥 1 500 ~ 2 500 千克，翻入土中作底肥。播种前在播种沟内施过磷酸钙 20 千克，与土壤混合均匀后整平作畦，畦宽 80 ~ 160 厘米（可根据地膜宽度定沟），沟宽 40 厘米左右，盖好地膜待用。畦长自定。

（2）播种育苗

① 苗床及床土准备：苗床应选择在背风向阳、1 ~ 2 年内没种过豆类作物、土质疏松、肥沃的保护地内，大棚加小棚覆盖，北方地区可利用日光温室的中部作为苗床。用充分暴晒消毒的菜园土 6 份与腐熟有机肥 4 份充分混合过筛拌匀，掺入 0.05% 敌百虫或多菌灵，堆制 10 天左右，营养土堆制一般在 6—8 月份高温季节进行。

② 种子处理：选择大小一致、饱满无破损的种子，将种子放在阳光下晒 1 ~ 2 天，促进种子吸水，发芽整齐。早春播种，为提前出苗，可采用温汤浸种，用 55℃热水烫种 5 分钟，然后加入冷水达到 25 ~ 28℃，浸种 3 ~ 4 小时，捞出晾干后即可播种。

③ 播种：长江流域早春大小棚促成栽培的播种时间在 2 月

上旬至2月中旬。播前1个月提早扣棚，提高地温。播种前在营养钵中装入8成营养土，播前打底水，每钵放入种子3 ~ 4粒，上盖2 ~ 3厘米厚的细土，以不露种为宜。播种后用地膜覆盖，保温保湿，出苗后及时揭除。

④ 苗期管理：出苗前不揭膜、不通风、不浇水。当大部分幼苗子叶完全展开后，如白天温度过高，则要揭开棚膜通风，下午及时封棚保温。待子叶展平，初生叶伸展后，保持白天25 ~ 28℃，夜间12 ~ 13℃。若土壤过干，则可选择晴天中午揭膜浇水，结合间苗除草。定植前10天开始揭膜通风炼苗，停止浇水，先是日揭夜盖，后昼夜通风，使幼苗达到矮壮、茎粗、叶色深的壮苗标准。

（3）定植　毛豆定植要求大棚内气温不低于2 ~ 5℃，10厘米深处地温不低于10 ~ 12℃，并能稳定1周。长江流域定植一般在2月下旬至3月上旬，采用大棚 + 小棚 + 草帘 + 地膜即“三膜一帘覆盖”的方式。

大棚早熟栽培也可采用直播方式，长江流域一般在2月中下旬直接播种于大棚畦面上，大棚内盖小拱棚，或3月中上旬大棚内地膜覆盖播种，或3月下旬直接进行地膜覆盖直播或小拱棚内直播。

当幼苗第1对真叶由黄绿色转变成青色而尚未展开时为定植适期，一般苗龄25天左右，苗高10 ~ 15厘米。定植时一般1穴2株，栽植不宜过深，以第2叶离地1.0 ~ 1.5厘米为宜。行距30厘米，株距20厘米左右。定植后及时浇定根水，以后每隔2 ~ 3天浇1次，连浇2 ~ 3次，直至缓苗。定植后1 ~ 3天，扣紧大棚不通风，使棚内保持白天 20 ~ 25℃、夜间 15 ~ 20℃的温度，以利于缓苗，如遇低温寒潮，夜间小拱棚应加盖草帘防止冻害。当棚温高于 30℃时，适当在午间通风降温，缓苗后逐渐加大通风。未铺地膜的应及时中耕松土，促进发根。

（4）田间管理

① 查苗补苗：定植后 10 天内要及时查苗补缺。直播的毛豆齐苗后须及时间苗，淘汰弱苗、病苗和杂苗。定苗时通常每穴留 2 株，缺苗的补苗。

② 水肥管理：春季雨水多，要注意清沟排水。定植成活后不出现缺水症状可不浇水，以防土温降低。进入开花期后，气温明显回升，需水量增加，要及时供给充足的水分，经常保持土壤湿润，满足开花结荚和籽粒灌浆对水分的要求。一般间隔 5 ~ 7 天浇 1 次水。

毛豆施肥的重点在苗期和开花期。苗期因根瘤菌尚未很好发挥作用，为促进根系生长和提早抽生分枝，需要及时追施氮肥，可以在定植后 10 ~ 15 天内，结合浇水，每亩追施氮素肥料 5 ~ 8 千克，过磷酸钙 10 千克，以促进根瘤发育和根系生长。开花期是大豆需肥高峰期，追肥应在开花初期进行，每亩用腐熟的人粪尿 500 ~ 700 千克或用三元复合肥 20 ~ 25 千克、硫酸钾 10 千克。为减少落花落荚，加速豆粒膨大，开花期可用 2% ~ 3% 的过磷酸钙浸出液和浓度 0.01% ~ 0.05% 的钼酸镁水溶液喷洒叶面，提高产量。同时，采摘前 1 周施少许尿素，有利于保持豆荚青绿。

③ 中耕除草：中耕不仅可以除草，还可以促进土壤疏松，

提高土温，增强根系对磷的吸收，促进根瘤菌的活动。中耕时结合培土，把细土壅到豆苗基部，可以保护主茎，防止倒伏。梅雨期结合清沟排水，把畦沟中的土铲起，铺于畦面，防止根群外露。

④ 防止徒长，增加荚数：毛豆植株容易发生徒长，引起落花落荚或秕粒、秕荚增多，产量和品质降低。造成植株徒长的主要原因有：栽培密度过大，肥水过多，晚熟品种播种过早。在栽培上，应加强水肥管理，合理密植。同时在开花中后期将主茎顶心摘去 1 ~ 2 厘米也可达到良好效果。另外，在开花结荚期，喷洒浓度 20 ~ 30 毫克 / 升的 4– 碘苯氧乙酸，可有效抑制主茎生长，防止倒伏，减少落花落荚。另外，叶面喷施多效唑也有同样效果，可增产 6% ~ 9%，最佳喷施时间为分枝期至初花期，溶液浓度为 250 毫克 / 升。

2. 春、秋露地栽培

大豆须在无霜期内栽培。无霜期 100 ~ 170 天的地区以春播为主，播期 4—5 月上旬，8 月收获，少数 6 月上旬播，霜前收；无霜期 180 ~ 240 天的地区以夏播为主，也可春播；无霜期 240 ~ 260 天的地区春、夏、秋均可播种，忌连作，2 ~ 3 年轮作。

（1）整地与施肥　pH 值 6.5 ~ 7.0、排水保水性能良好的土壤适于毛豆生长。其余同“保护地栽培”。播种前耕翻 20 ~ 25 厘米，并结合整地施入有机肥和适量磷肥、钾肥。

（2）播种育苗　长江流域露地毛豆以直播为主。早熟品种直播适期在 4 月份，个别利用地膜覆盖栽培可提前到 3 月下旬，中熟品种主要在 4 月下旬至 5 月中旬播种，晚熟品种主要在 5 月下旬至 6 月中旬播种。播种时主要采用穴播和条播相结合的方法。在畦面上按预定行距开浅沟，沟底平整。再按适宜的株距把种子播入沟内，每处 3 ~ 4 粒，播后盖土 3 ~ 4 厘米厚。穴株行距为早熟品种（15 ~ 20）厘米 ×30 厘米，中熟品种（20 ~ 30）厘米 ×30 厘米，晚熟品种（30 ~ 40）厘米 ×50 厘米。播种量因品种熟性及籽粒大小而异，小粒品种每亩用种子 5 千克左右，大粒品种每亩用种子 7 千克左右。

秋毛豆播种出苗期正值高温，植株蒸腾作用较强，很容易发生萎蔫而枯死。可就地取材，利用遮阳网、旧草帘等遮阳降温，促进全苗。

直播毛豆齐苗后需及时间苗，淘汰弱苗、病苗和杂苗，一般在子叶刚展开时间苗 1 次，第 1 单叶展开前定苗，每穴留苗 2 株。要掌握在小苗时及时补苗，确保缓苗成活。

（3）水分管理　毛豆植株枝叶茂盛，水分蒸腾量大，对水分要求很严格。幼苗期宜保持较低的土壤水分含量，少浇水，适度炼苗，提高土壤温度，促进根系生长。开花期、结荚期、鼓粒期需保证充足的水分供应，地干即浇水，这时缺水会造成大量的落花落荚，但也要注意防止水分过多，尤其在水分和氮肥同时过多时，植株易徒长造成落花落荚，减少产量。此外，土壤水分含量过高，也易引发病害。

（4）施肥、中耕除草、防止徒长及落花落荚　这几项技术措施均可参照“保护地栽培”。

（四）合理采收

毛豆的适期采收直接影响产品的商品价值和种植效益，应根据品种情况、豆荚成熟率、市场需求等多方面因素决定适收期，一般以豆荚和豆粒已饱满而豆荚尚保持翠绿色时为菜用大豆的采收适期。采收过早，豆粒不饱满，产量低而商品性差；采收过迟，豆粒老化变色，风味变差，品质下降。采收时间一般以夏秋季的傍晚及早晨气温较低时为宜，可保持产品新鲜。采收时一般将整株拔下，采下豆荚后应迅速分拣，整理包装上市。也有部分地区习惯将植株收割后摘除叶片，捆扎成堆上市。

五、扁豆

（一）概况

扁豆是豆科扁豆属一年生缠绕性草本植物，又称鹊豆、眉豆、沿篱豆、蛾眉豆等。原产于印度、印度尼西亚等热带地区，在汉朝至晋朝年间引入我国，在我国南方栽培较多。

1. 扁豆的经济价值

扁豆可食用嫩荚和成熟豆粒，其嫩荚炒熟后软嫩爽滑、营养丰富、风味独特，是夏秋季节深受国人喜爱的一道养生佳品。

扁豆的营养价值很高，包括蛋白质、脂肪、糖类、钙、磷、铁及食物纤维、维生素 A 原、维生素 B_1、维生素 B_2、维 C、酪氨酸、酶磷脂、蔗糖、葡萄糖等，扁豆衣的 B 族维生素含量特别丰富，每 100 克扁豆可食用部分的膳食纤维含量为 4.4 克，比富含膳食纤维的芹菜多超过 3 倍（表 5–1）。但需要注意的是，扁豆含有皂苷和血球凝集素，需要煮熟后食用，否则轻则出现恶心、呕吐等症状，重则呕血、四肢麻木等。

表 5–1　扁豆每 100 克可食部分中的主要营养成分

营养成分	含量	营养成分	含量
能量 / 千焦	172	蛋白质 / 克	2.7
脂肪 / 克	0.2	碳水化合物 / 克	8.2
钠 / 毫克	4	不溶性膳食纤维 / 克	2.1
维生素 B_1（硫胺素）/ 毫克	0.04	维生素 A / 微克视黄醇当量	25

续表

营养成分	含量	营养成分	含量
维生素 B_2（核黄素）/ 毫克	0.07	维生素 E / 毫克 α－生育酚当量	0.24
维生素 C（抗坏血酸）/ 毫克	13.0	维生素 B_1（硫胺素）/ 毫克	0.04
烟酸（烟酰胺）/ 毫克	0.90	磷 / 毫克	54
钾 / 毫克	178	镁 / 毫克	34
钙 / 毫克	38	铁 / 毫克	1.9
锌 / 毫克	0.72	铜 / 毫克	0.12
硒 / 微克	0.9	锰 / 毫克	0.34

扁豆还是一种食药兼用的食物，干燥的种子、开放的花均可供药用。扁豆性平味甘，归脾、胃经，有健脾、和中、益气、化湿、消暑之功效。

2. 形态特征

（1）根　扁豆属直根系，根系很发达，根瘤菌发达水平一般，故有一定的固氮能力。当 2 片真叶展开时，根系长度为 12 ~ 30 厘米，第三级须根已生出。

（2）茎　扁豆茎圆形，有绿色茎、红色茎、紫红色茎等，依其生长习性可分为蔓生种和矮生种。蔓生种茎高 3 ~ 4 米以上，左旋缠绕性，在高 30 ~ 40 厘米、真叶 5 ~ 6 片时开始抽蔓。矮生种茎高 60 厘米左右，分枝多，节间短，很少栽培。

（3）叶　叶分为子叶和真叶，子叶出土；真叶为三出复叶，叶面光滑无毛，叶柄较长，多为绿色或淡绿色。小叶卵圆形。

（4）花　总状花序腋生，花序长 10 ～ 30 厘米，每花序有花 6 ～ 14 节，每节有花 4 ～ 8 朵。花冠白色、红色、紫红色等，花柱近顶端有白色髯毛。

（5）荚　扁豆荚扁平肥大，镰刀形或半椭圆形，长 7.0 ～ 14.5 厘米，宽 2.0 ～ 5.0 厘米，厚 0.5 ～ 0.8 厘米，荚有绿色、绿白色、粉红、深紫、绿色镶红边等颜色。豆荚老熟时革质，黄褐色，每荚有种子 3 ～ 5 粒。

（6）种子　扁椭圆形，有黑色、茶褐色和白色等。种脐白色，大而明显。千粒重 300 ～ 600 克，种子寿命 2 ～ 4 年。

3. 生长发育及对环境条件的要求

（1）生长发育　扁豆自播种至嫩豆或豆粒成熟的生育过程分为发芽期、幼苗期、抽蔓期和开花结荚期 4 个时期。

① 发芽期：种子萌发开始至出现第 1 对复叶。

② 幼苗期：第 1 对复叶出现至第 5、6 片复叶展开。

③ 抽蔓期：第 5、6 片复叶展开至植株现蕾。

④ 开花结荚期：植株开花结荚至采收结束。蔓生种一般定植后 50 ～ 70 天采收上市；矮生种一般定植后 40 ～ 50 天采收上市。

（2）对环境条件的要求

① 温度：扁豆喜温，耐高温，不耐低温。种子发芽的适宜温度 22 ～ 23℃，20 ～ 30℃枝叶生长旺盛，可在 35℃左右的高温下正常生长。开花结荚适宜温度为 25 ～ 29℃。

② 光照：扁豆为典型的短日照植物，在春季短日照条件下花芽分化迅速，因而利用保护设施提早育苗，可促进花芽分化，

提早开花结荚。夏季长日照条件下，花芽分化受阻，有夏歇现象。秋季日照缩短，温差增大，有利于花芽分化和荚果生长。

③ 水分：扁豆根系发达，耐旱、耐湿。水分充足有利于植株旺盛生长，缺水影响开花坐荚，产量下降，粗纤维增加而使品质下降。一般苗期需水量较少，开花结荚期营养生长与生殖生长同时进行，特别是盛果期需要水分充足。

④ 土壤及养分：适宜扁豆生长的土壤范围较广，但以肥沃、中性或微酸性的壤土或沙壤土为好。尽管扁豆具有一定的固氮能力，但其生长发育过程中仍需要较多氮肥，进入开花期后，植株对氮、磷、钾的需求量增加，增施磷肥、钾肥对促进生长和开花结荚有良好作用。

（二）类型与品种

扁豆依蔓的生长习性分为有限生长习性和无限生长习性。依花的颜色不同，分为红花扁豆和白花扁豆两类。红花扁豆，茎绿色或紫色，花为紫红色，叶柄、叶脉多为紫色，分枝多，生长势强。荚紫红色或绿色带红，种子黑色暗红或褐色。白花扁豆，茎、叶、荚均为绿白色，花白色，种子黑色或茶褐色。

（1）常扁豆1号　湖南省常德师范学校生物系特种蔬菜研究所（原常德高专特种蔬菜花卉研究所）选育。早熟，耐寒性强，抗热，抗病；植株生长势强，蔓生，蔓长3米左右，主蔓分枝少，50厘米以下的分枝2.7个，第1分枝在主蔓的第3节位上；第1花序一般着生于主蔓第2节上，花序长18.0 ~ 45.5厘米，以上节节有花，花紫红色；荚近半月形，平均单荚重7克左右，每荚有种子 5 粒左右，荚淡白色，单株总花序 81 个，亩产 2 000 ~ 3 000 千克。全生育期 240 天，适于春季保护地和露地栽培。

（2）湘扁豆 2 号（原名常扁豆 2 号） 湖南省常德师范学校生物系特种蔬菜研究所（原常德高专特种蔬菜花卉研究所）自 1993 年以来，经多年系统选育出来的早熟、丰产、优质、抗病的白花扁豆新品种，于 2001 年 2 月通过湖南省常德市农作物品种审定委员会审定。主蔓长 3.4 米，主蔓 50 厘米以下分枝 3.2 个，第 1 分枝一般在主蔓第 3 节上；第 1 花序一般着生于主蔓第 2 节或第 3 节上，花序长 15.1 ~ 42.2 厘米；花白色，每花序结荚 7 ~ 12 个，鲜荚长 9.7 厘米，单荚重 6.7 克，每荚有种子 6 粒左右，荚浅绿色，单株总花序 69.5 个，一般亩产 2 600 千克。全生育期 240 天，可在长江中下游及其以南地区作特早熟品种栽培和露地栽培。

（3）崇明白扁豆 上海崇明地方品种，崇明农家常称“洋扁豆”。该品种早熟，耐热，喜肥，不耐干旱，喜湿润土壤；植株蔓生，主蔓长 5 米以上，叶深绿色，叶长 10 厘米左右、宽 7 厘米，花小，白色；第 1 花序结荚 2 ~ 3 个，嫩荚绿色，弯月形，光滑，荚长 7.5 厘米，宽 2 厘米，厚 0.5 厘米，每荚结籽 2 ~ 3 粒。白扁豆豆粒白皮白肉，也有紫皮白肉，豆粒粗扁而质细腻，色清丽而味香糯，是夏秋季颇受人们喜爱的清淡佳肴。

（4）红镶边绿扁豆 江苏无锡市锡山区张泾镇的优良地方品种，早熟性好，耐热，耐旱，耐肥，喜肥，喜通风透光，生长势强；植株蔓生，主蔓长 2 米以上；小叶长约 10 厘米、宽 9 厘米，叶面略生茸毛，叶脉明显，略带红色；6 ~ 7 叶时，抽生总状花序，花紫红色，授粉后逐渐变白，每个花序能结荚 10 个以上；嫩荚浅绿色，弯月形，表面光滑，荚长 8 厘米，宽 2.6 厘米，厚 0.5 厘米，每荚结籽 4 ～ 5 粒。一般亩产 2 000 ～ 2 500 千克。

（5）红玉 江苏省扬州帮达种业有限公司选育，早熟，从播种至始收嫩荚 60 天左右；植株蔓生，藤蔓紫色，无效分枝少，连续结荚性强，主枝从 10 节开始连续坐荚 18 节；花紫色，有光泽；荚长 8 厘米，宽 25 厘米，厚 0.6 厘米。适宜保护地栽培和春夏栽培。春季一般亩产 1 500 千克。

（6）翠玉 江苏省扬州帮达种业有限公司选育，早熟，基部 3 ～ 4 节开始结荚，基部花枝多，主枝连续坐荚性好，藤蔓分枝较少，适宜高密度栽培；花淡紫色，花穗多，鲜荚翠绿色，肉厚有光泽，耐老化，商品性好；荚长 8.5 厘米，宽 2.0 厘米，厚 1 厘米左右。适宜保护地栽培和春夏栽培。春季亩产 1 500 千克。

（7）早红边 江苏省扬州帮达种业有限公司选育，早熟，花红色；基部 3 节左右开始结荚，基部花穗较多，基部 3 ～ 5 个花枝，边生长边结荚，节节有花穗，鲜荚边缘深红色；荚长 9 厘米，宽 3 厘米，单荚重 8 克，光泽好，纤维少，亩产 1 500 千克。

（8）鼎牌特早红扁豆 常德市鼎牌种苗有限公司选育。极早熟，耐寒性强，耐热，抗病性强；植株生长势强，蔓长 3 ～ 5 米，易分枝；始花节位 2 ～ 3 节，花淡紫色，荚边缘淡紫红色，单荚重 10 克左右，适合春季保护地特早熟栽培。

（9）耳朵扁豆 上海青浦区地方品种，茎蔓生，主蔓紫红色，叶绿色；荚长 9.5 厘米，宽 3.0 厘米，厚 0.8 厘米左右；鲜荚表皮呈淡紫红色，表面有较多蜡质，单荚含种子 4 ～ 5 粒，果肉厚，纤维少，产量高。

（三）高产优质生产技术

1. 栽培季节及方式

扁豆原产于热带，植株能耐35℃左右的高温，根系强大，耐旱力强，对土壤的适应性较强。扁豆忌连作，宜实行2～3年的轮作，栽培方式分为支架栽培和无支架栽培2种，支架栽培可分为春提前栽培和露地栽培。无支架栽培在本地栽培面积极少，这里不作阐述。

（1）春提前栽培　多采用育苗移栽的方式，长江流域在2月上中旬开始播种，利用大棚+小棚+草帘或无纺布进行多层覆盖培育壮苗。3月上中旬大棚内定植，特早熟品种可于5月中下旬开始采收。

（2）露地栽培　一般应在终霜期前后进行直播，长江流域一般在3月下旬至4月上旬分期播种，6月中下旬开始采收。

2. 春提前栽培

（1）培育壮苗　选择熟性早、产量高、适宜大棚栽培的品种。当棚内温度达到15℃时即可开始育苗，长江流域一般在2月上中旬。苗床应选择地势高燥、排灌方便的田块，在播前3～5天，整理好苗床，有条件的最好采用32穴育苗盘。播前配制肥力好、疏松、通气性好的营养土，营养土中壤土与腐熟有机肥的体积比为6：4，再加入占总重量2%～3%的过磷酸钙，补充幼苗对磷和钙的需求。扁豆种子浸泡时间不宜过长，一般3～5小时为宜，催芽温度控制在25℃左右，3～7天即可出芽。播种前要保持营养土湿润，将种子直接点播于穴盘中，每穴1粒，覆土不宜过厚，用木板刮平后盖地膜，然后架设小棚保温。

出苗后，除去地膜，平时注意棚膜的揭和盖，调控好棚内温度和湿度，避免徒长。定植前 4 ~ 5 天炼苗，控制浇水，降低苗床温度。

（2）整地施肥　扁豆最忌连作，应选择 2 ~ 3 年没种过同类作物的田块。大棚覆盖栽培的扁豆生育期长，需肥量大，应按照“重基肥、轻追肥、多次补施荚肥”的施肥原则。基肥以有机肥为主，每亩施腐熟有机肥 3 000 千克、复合肥 50 千克。定植前 10 ~ 15 天扣大棚膜，定植前 1 周，结合耕翻施入基肥，定植前 3 ~ 4 天精细整地作畦，畦宽 130 厘米，高 10 ~ 16 厘米，沟宽 50 厘米，覆盖地膜。

（3）适时定植　幼苗达 2 ~ 3 片真叶、苗龄 30 ~ 40 天即可定植。每畦单株双行，株距为 50 厘米。定植时地膜破口要小，定植后及时浇水，用泥土封住定植口。定植后架设小棚，保持棚内温度。

（4）田间管理

① 温度管理：秧苗成活前，大、小棚密闭不通风，以保持较高棚温，白天 25 ~ 30℃，夜间 15℃，促进缓苗。缓苗以后，白天保持 22 ~ 25℃，夜间不低于 15℃，棚温高于 30℃时，需通风降温。3 月下旬至 4 月初，气温回升时可揭除小棚；5 月上旬可揭除大棚裙膜，保留顶膜，既能预防夏季暴雨侵害，减少病害的发生，还可延长秋后采摘期。

② 整枝搭架：主蔓长出 4 ~ 5 片真叶时打顶，促进子蔓生长，每株保留 3 ~ 4 个健壮子蔓，其余打去。至子蔓长至 50 厘米左右，及时搭“人”字架，引蔓上架，架高 1.5 米左右。结荚盛

期，要及时整枝，方法是当子蔓长到 1.0 ~ 1.2 米时摘心，促发花序和孙蔓，如蔓爬满架后出现荫蔽，应在 1.5 米左右高处剪断部分藤蔓，并注意及时剪去无花序的细弱藤蔓和下部老叶、病叶。

③ 肥水管理：秧苗成活后追 1 次提苗肥，每亩施优质腐熟有机肥 300 ~ 500 千克、尿素 2 ~ 3 千克。第 1 批扁豆采收后，每亩施复合肥 10 ~ 15 千克，之后每采收 2 ~ 3 次，追肥水 1 次，每亩施尿素 3 ~ 5 千克。同时，花荚期喷施硼、钼等微量元素叶面肥 3 ~ 4 次，提高扁豆的品质。

3. 露地栽培

露地直播栽培，整地施基肥及作畦方式同春提前栽培，株距控制在 45 ~ 50 厘米，每穴播种 2 ~ 4 粒，覆土 3 ~ 4 厘米，苗出齐后选留苗 1 ~ 2 株。间苗后及时追肥，每亩追施尿素 10 千克。当植株高度达 35 厘米左右时，搭“人”字架引蔓上架。此期间的肥水管理、整枝等田间管理同春提前栽培。

（四）合理采收

扁豆从开花到采收嫩荚一般需 18 天左右，此时的荚果商品性、品质俱佳。具体方法是在豆粒开始饱满时及时采收，既可提高售价，又可促进上层豆荚的生长发育。采摘时，避免碰伤花序，争取多开花多结回头荚。春提早栽培的一般 6 月上旬开始采收，露地栽培的早熟品种 7 月上旬采收，中晚熟品种 8 月中下旬开始采收，均可陆续采收直至下霜。

六、豌豆

豌豆是豆科豌豆属一年生或二年生攀缘草本植物，别名回回豆、荷兰豆、寒豆、雪豆、麦豆。原产于地中海沿岸和亚洲中部，两汉时期传入我国，主要分布在长江以南及西南、华南等地区。现在华北地区及东北地区也开始在温和季节露地种植或利用保护设施进行栽培，豌豆生产已遍布全国各地。

（一）概况

1. 豌豆的经济价值

豌豆的可食率较高，其嫩梢、嫩荚和籽粒均可食用。由于质嫩清香、富有营养，有很高的保健价值，因而广为人们所喜爱。南方各省把嫩梢作为汤食和炒食的主要鲜菜之一，如上海的“豌豆苗”、广州的“龙须菜”、四川的“豌豆尖”，其肉质水嫩、脆绿多汁、清脆香甜，是宾馆、饭店的上等蔬菜佳肴。干豆粒可油炸、煮烂作菜食或加工成酱食。

荚用豌豆又称荷兰豆（图 6-1），是以鲜嫩的果荚作蔬菜食用的一种豌豆。在东南沿海各省份及西南地区食用较普遍。荚用豌豆富含蛋白质及维生素，其维生素 C 含量与以

图 6-1　荚用豌豆

富含维生素 C 著称的辣椒接近，故也属高维生素 C 蔬菜。一般荚用豌豆为软荚种，以甜嫩爽脆、口感清香而独领风骚。美味可口的速冻荷兰豆是国际市场上的畅销蔬菜，在国内市场上荷兰豆也愈来愈受到人们的喜爱，是一种很有发展前途的特色蔬菜。

嫩豆粒用类型的豌豆又称甜豌豆。一般品种内果皮革质化，荚壳不能食用，主要以鲜嫩多汁的嫩豆粒为食用部分，但目前随着国内外品种的引进与改良，一些荚豆两用的甜豌豆品种逐步扩大利用，深受消费者喜爱。甜豌豆保鲜及速冻产品同样是国际市场的热销产品，也是我国出口创汇的主要蔬菜产品（图 6–2）。

图 6–2　甜豌豆

豌豆的营养价值很高，含有丰富的水分、碳水化合物、蛋白质、脂肪、胡萝卜素，还含有多种人体必需的氨基酸、维生素及矿物质（表 6–1）。

表 6-1　豌豆每 100 克可食部分中的主要营养成分

营养成分	含量	营养成分	含量
能量 / 千焦	176	蛋白质 / 克	2.8
脂肪 / 克	0.2	单不饱和脂肪酸 / 克	0.1
碳水化合物 / 克	7.6	糖 / 克	4.0
钠 / 毫克	4	膳食纤维 / 克	2.6
维生素 A / 微克视黄醇当量	54	维生素 B_1（硫胺素）/ 毫克	0.15
维生素 E / 毫克 α－生育酚当量	0.39	维生素 B_2（核黄素）/ 毫克	0.08
维生素 B_6 / 毫克	0.16	维生素 K / 微克	25.0
维生素 C（抗坏血酸）/ 毫克	60.0	叶酸 / 微克叶酸当量	42
烟酸（烟酰胺）/ 毫克	0.60	磷 / 毫克	53
钾 / 毫克	200	镁 / 毫克	24
钙 / 毫克	43	铁 / 毫克	2.1
锌 / 毫克	0.27		

豌豆同时也是一种良好的保健蔬菜产品。豌豆以嫩荚、豆粒和嫩苗食用，性平味甘、无毒，有利便、止泻痢、调营卫、兴中气、消痈肿、解毒等功效。据现代医学研究分析，豌豆含铜、铬等微量元素较多，铜有利于造血、骨骼和脑的发育；铬有利于糖和脂肪的代谢，维持胰岛素的正常功能，缺铬易导致疾病，发育不良。豌豆还含有胆碱、蛋氨酸等，有助于预防动脉硬化，故食用豌豆对糖尿病、心脏病、高血压患者有益。

2. 形态特征

（1）根及根瘤　豌豆具有豆科植物典型的直根系和根瘤菌，有较发达的直根和细长的侧根。直根入土深度可达 1 ～ 2 米，但根系主要分布在 20 厘米深的土层中。主根和侧根上着生许多根瘤，根瘤是好气细菌，它的活动范围主要在耕作层内，因此根瘤菌大多集中在土表 1 米以内的根系中。根瘤的体积大，发育良好，色泽粉红，固氮的能力就强，反之则差。

（2）茎　豌豆的茎圆形中空，质嫩而脆，皮有蜡质。依茎蔓生长而分为矮生种、半蔓生种和蔓生种。矮生种一般节间较短，植株直立，分枝性弱，植株高度 30 ～ 50 厘米。蔓生种节间较长，半直立或缠绕，必须立支架。株高一般为 1.5 ～ 2.0 米，分枝性较强，从茎基部和中部都能生侧枝，侧枝上能再生侧枝，茎基部分枝可达 2 ～ 3 个，所有侧枝都能开花结荚。半蔓生类型介于上述两者之间。豌豆主茎的粗细随品种及栽培条件的变化较大，一般直径为 3 ～ 10 毫米。茎的表皮光滑，被有白色粉状物，茎上有节。茎蔓本身不具有缠绕特性，但叶端有卷须，卷须可攀缘支持物使豌豆向上生长，荷兰食荚豌豆在栽培中采用搭架栽培或吊蔓栽培来提高产量。

（3）叶　豌豆叶为偶数羽状复叶，互生，有 1 ～ 3 对小叶，淡绿或深绿色，或兼有紫色斑纹，具有蜡质或白粉。小叶呈卵圆或椭圆形，长 25 ～ 50 毫米；小叶数目，自下而上逐步增多。叶柄茎部着生托叶，包围叶柄茎部或茎，边缘下部有锯刺。复叶由小叶、叶柄和托叶 3 个部分组成。复叶的叶轴次端 1 ～ 2 对小叶退化成卷须，也有无卷须的无须豌豆品种。

（4）花　豌豆花为腋生总状花序。开始抽出花序的节位因品种不同而不同，早熟品种一般在 5 ～ 8 节，中熟品种一般在 9 ～ 10 节，晚熟品种一般在 12 ～ 16 节。抽出第 1 花序后，一般节节有花。花白色或紫色，单生或双生于叶腋处。每花序有 1 ～ 2 朵至 5 ～ 6 朵花，一般结 1 ～ 2 荚且以单荚为多。豌豆花为豆科蝶形花，天然自花授粉作物，但在干燥和炎热的气候条件下，也能产生杂交，天然杂交率为 10% 左右，开花时间一般在早晨 5 点左右，盛开时间在上午 7 ～ 10 点，黄昏时分花朵闭合。每朵花可开花 3 ～ 4 天，整株开花期一般为 18 ～ 24 天（图 6–3）。

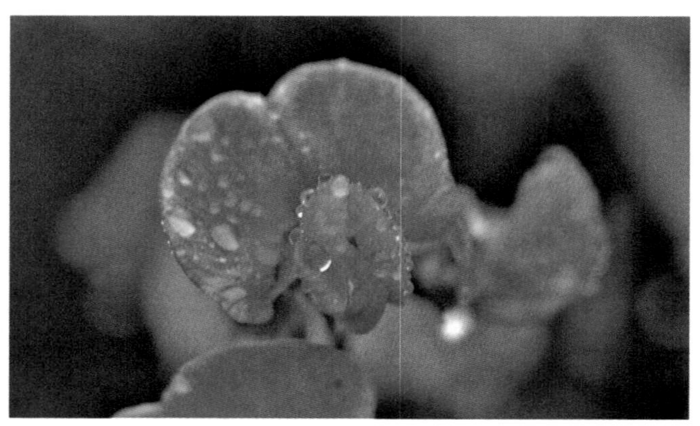

图 6–3　豌豆的花

（5）荚果　豌豆的荚果浓绿色或黄绿色，扁平长形，向腹部弯曲或稍直。荚的长宽随不同品种类型而异。荚有硬荚和软荚 2 种，硬荚种的荚壁内果皮有纸状的厚膜组织，成熟时此膜干燥收缩，荚果开裂。软荚种无此内膜，内果皮柔软可食，成熟时不开裂。荚果发育时，先是豆荚发育，在谢花后 8 ～ 10 天大多数豆荚便停止生长，此时种子开始发育，嫩荚应在这个时期采收，过时采收则豆荚的纤维素及种子的淀粉均增加，品质变差。一般自开花到嫩荚采收需 15 ~ 20 天。豌豆种子单行互生于腹缝线两侧，依品种有皱粒种及圆粒种 2 种。种皮有黄、白、绿、紫、黑数种颜色。每荚的种子粒数因品种而异，少则 4 ~ 5 粒，多则 7 ~ 10 粒。含有丰富的蛋白质和脂肪，千粒重一般为 100 ~ 300 克。正常情况下，种子寿命 3 ~ 4 年（图 6–4 至图 6–6）。

图 6–4　硬荚豌豆的嫩荚

图 6–5　软荚豌豆的荚与豆粒

图 6–6　豌豆的豆粒

3. 生长发育及对环境条件的要求

（1）生长发育　豌豆的生长发育过程分为发芽期、幼苗期、抽蔓期和开花结荚期4个时期。

① 发芽期：从种子萌动到第1真叶出现，需8～10天。皱粒种的种子发芽始温为3～5℃，圆粒种为1～2℃，适温为18～20℃。豌豆种子发芽后子叶不出土，所以播种深度可比豇豆等深一些。发芽时水分不宜过多，否则易烂种。

② 幼苗期：从真叶出现到抽蔓前为幼苗期，不同熟期的品种类型经历时间也不同，一般为10～15天。幼苗能耐–5～–4℃的低温。

图6-7　豌豆开花结荚

③ 抽蔓期：从抽蔓到现蕾为抽蔓期，植株茎蔓不断伸长，并陆续抽发侧枝，侧枝多在茎基部发生，上部较少，约需25天。矮生类型和半蔓生类型的抽蔓期很短或无抽蔓期，茎蔓生长适温为9～23℃，–5℃受冻。

④ 开花结荚期：采收商品嫩荚的从现蕾至豆荚采收结束为开花结荚期，一般为80～90天。开花时要求良好的光照和15～18℃的温度，不耐冻，结荚适温为18～20℃，开花后15天内，以豆荚发育为主，嫩豆荚应在此时采收，15天后则豆粒迅速发育。豌豆为长日照作物，有些品种在长、短日照下都能开花（图6-7）。

（2）对环境条件的要求

① 温度：豌豆是半耐寒性作物，能在低温的情况下生长，菜食豌豆因茎叶及产品器官幼嫩，较食干籽粒的粮食用豌豆耐高温、低温和干旱的能力稍弱，其生长发育过程喜凉爽而湿润的气候。圆粒种的种子在 1 ～ 2℃时开始发芽，皱粒种的种子在 3 ～ 5℃开始发芽。种子发芽的最适温度为 18 ～ 20℃，经 4 ～ 6 天，出苗率可达 90% 以上。温度低，则发芽慢，温度高于 25℃时，种子发芽速度虽快，但出苗率反而会下降，幼苗生长势减弱。豌豆在幼苗期适应温度的能力最强，能耐 −6℃的短暂低温。苗期温度稍低，可提早花芽分化，当温度高特别是夜温高时，花芽分化节位升高。生育期适温为 12 ～ 16℃，开花期适温为 15 ～ 18℃，高于 25℃不利于开花授粉，可引起落花落荚，荚果发育异常。荚果成熟期的生长适温为 18 ～ 20℃，高于 25℃，结荚少，豆荚易老化，品质下降，产量减少。

② 光照：豌豆属长日照作物，南方栽培品种多数对日照长短要求不严格。多数品种在延长光照的情况下可提早开花，若缩短光照则延迟开花。低温长日照下，花芽分化节位低、分枝多，高温长日照时，较高节位的分枝多。各种豌豆品种，在长日照、强光照条件下，生长好、开花结荚好、产量高。南方品种北引，易提前开花结荚，北方品种南引，生长期延长。因此，在选择品种时要注意重视品种的光敏特性，特别是秋冬生产和远距离调种时，应选择对日照长短反应不敏感的品种。

③ 水分：豌豆根系较深，稍能耐旱而不耐湿，但整个生长过程都要求较高的空气相对湿度和充足的土壤水分含量。播种

时，土壤水分含量不足将延迟出苗，但若土壤水分含量过大则容易烂种。生长期内排水不良，容易烂根。荚用品种在苗期有一定的耐旱能力，但以采收嫩茎叶为主的品种不能受旱，否则会降低品质和产量。开花期最适宜空气相对湿度范围为60% ~ 90%，空气相对湿度过低会引起落花、落荚。豆荚生长期若遇高温干旱，会使豆荚提早纤维化、过早成熟而降低品质和产量。因此，豌豆在整个生长期间，都应有充足的水分供应才能旺盛生长，荚大粒饱，达到优质、丰产的目的。

④ 养分：豌豆根系有根瘤，能固定土壤中空气的氮素，但苗期固氮能力较弱，且根瘤的发育本身也需要一定的氮肥，因此在苗期需施入一定量的氮肥。磷肥对分枝及籽粒发育关系密切，可提高开花结荚率。钾肥有利于改善品质。一般情况下，豌豆对土壤养分的要求为氮：磷：钾的比例是4：2：1，施肥时以有机肥作基肥，注意增加适量速效氮肥，合理配施磷肥、钾肥，促进豌豆生产的产量提高和品质改善。

⑤ 土壤：豌豆对土壤的要求不严格，适应性广，但以疏松、富含有机质的中性土壤或微酸性土壤为好。土壤pH值的适宜范围为5.5 ~ 6.7，pH值低于5.5时，易发生病害。豌豆忌连作，因其根部的分泌物会影响下年作物根系的生长和根瘤菌的活动，所以生产上一般需4 ~ 5年轮作。

（二）类型与品种

1. 硬荚种

（1）久留米丰（85-67）　中国农业科学院蔬菜花卉研究

所引自日本。鲜食加工兼用的籽用豌豆品种，也是国内速冻豆粒出口的主要品种。青豆粒粒大饱满、色泽鲜绿、味甜脆嫩、口感好，适于鲜食。速冻试验表明，其速冻产品冷冻 10 个月煮熟后青豆粒仍整齐均匀，破裂少，色泽鲜绿，味甜，保持了原有风味，其感观品质性状也适合加工的需求。

植株矮生，株高约 40 厘米，主茎 12 ~ 14 节，2 ~ 3 个侧枝；单株结荚 8 ~ 12 个，花白色，青荚绿色，荚壁有革质膜，为硬荚种；单荚重 6.5 ~ 7.0 克，荚长 8 ~ 9 厘米，宽 1.3 厘米，厚 1.1 厘米，每荚有种子 5 ~ 7 粒；青豆粒深绿色，味甜，鲜豆百粒重约 55 克；成熟种子淡绿色、微皱，鲜豆百粒重 20 克。熟性中早熟，北方地区播种至开花近 60 天，至采收青荚 80 余天，丰产性好，品质佳。

（2）中豌 4 号 中国农业科学院畜牧研究所选育而成。有限生长习性，矮生直立，株形紧凑，茎叶浅绿色；株高 55 厘米左右；开花早，鼓粒快，花白色；硬荚，荚长 7 ~ 8 厘米，宽 1.2 厘米，嫩籽粒浅绿色，单荚粒数 5 ~ 8 粒，鲜豆百粒重 45 克左右；干籽粒黄白色、圆形、光滑，种皮较薄，品质优良。华北地区从播种至采收嫩荚约 70 天，耐寒、较抗旱，后期较抗白粉病。北方地区 3 月上中旬播种。华南地区冬播以 11 月上旬播种，不宜夏播。长江流域冬播 11 月下旬至 12 月初，秋播 9 月中旬为宜。

（3）白玉豌豆 江苏南通地方品种。植株蔓生，株高 1.0 ~ 1.2 米，分枝性强；始花节位 10 ~ 12 节，节节开花，花白色；荚长 5 ~ 10 厘米，宽 1.2 厘米，每荚有种子 5 ~ 10 粒，嫩籽粒浅绿色，干籽粒圆球形，表面光滑，白色，有光泽；嫩梢、嫩籽粒、干豆均可食用，嫩籽粒可速冻制罐，干豆可加工食品；耐寒性强，不易受冻害。南通地区 8 月下旬至 11 月上旬播种，翌年 3 月中下旬搭架引蔓，一般架高 1 米左右。9 月下旬至翌年 4 月上旬可多次采摘嫩梢，5 月上中旬采收嫩荚，6 月上旬收干豆。

（4）针叶豌豆 引自法国的硬荚豌豆。每节着生托叶 1 枚，复叶完全变态为针叶，针叶成二歧状多次分枝，总长 15 ~ 20 厘米，株间相互缠绕；株蔓粗壮，蔓径可达 0.5 ~ 0.6 厘米，株高 55 ~ 60 厘米，节间 3 ~ 4 厘米；植株自第 7 节始花，每节位着生双荚，每荚有种子 6 ~ 8 粒，一般每株着生 10 ~ 16 荚；白色花，属无限花序；高产、抗旱、抗病，具有较大的增产潜力。试种表现出极高的产量，亩产 320 ~ 392 千克，比“中豌 4 号”产量高 2 倍以上。

（5）中豌 5 号 中国农业科学院畜牧研究所经有性杂交选育成的良种。株高 40 ~ 50 厘米，属矮生直立型；茎叶深绿色，花白色；硬荚，一般单株结荚 7 ~ 10 个，荚长 7 ~ 8 厘米，宽 1.2 厘米，每荚有种子 6 ~ 7 粒，干籽粒深绿色，千粒重 230 克左右。北京地区春播，从出苗至成熟 65 天左右，前期产量较高，占总产量的 45% 左右，抗寒性较强，较抗旱，亩产嫩荚 700 ~ 800 千克。

（6）中豌 6 号 中国农业科学院畜牧研究所经有性杂交育成的良种。株高 40 ~ 50 厘米，茎叶深绿色，白花；硬荚，单株荚果 7 ~ 10 个，荚长 7 ~ 8 厘米，荚宽 1.2 厘米，每荚有种子 6 ~ 7 粒；节间短，鼓粒快，前期青荚产量高；适应性强，耐寒，抗旱，抗白粉病。亩产干豆150～200千克，青豌豆亩产量600～800千克，摘青荚后可收青豌豆苗600～700千克，留田茎叶还可作饲料和绿肥。成熟的干豌豆呈深绿色，未成熟的新鲜青豌豆荚果和青豆粒均为深绿色，豆粒大小均匀，皮薄易熟，品质较好。青豆粒除鲜食外，尤其适合速冻和加工制罐。

（7）早春　中国农业科学院蔬菜花卉研究所从国外引进的豌豆中选出的矮生、极早熟优良品种。株高约43厘米，分枝少；青荚为绿色，荚壁有革质膜；单荚长7～8厘米，宽1厘米，厚1厘米，平均单荚重5克；每荚含5～7粒鲜绿色种子，种子完熟后变为浅绿色，略有皱缩。青豆粒粒大饱满，味甜，品质好，鲜食、速冻均佳。

2. 软荚种

（1）白花小荚荷兰豆　上海农业科学院园艺研究所从日本引进。株高1.3米左右，嫩荚绿色，质地柔软，商品性好，为优良软荚种；荚长7厘米左右，荚宽1.4～1.5厘米，每荚含种子7粒；成熟种子黄白色，千粒重200克左右；早熟，抗寒、抗热、抗病虫害能力强。苏南地区10月底至11月上旬播种，翌年4月中旬至5月底收获。春播2月下旬播种，4月下旬采收青荚，6月份收获种子。

（2）台中11　1984年由我国台湾地区引进内地。株高1.5米以上，分枝多；叶大、质柔；荚青绿色，扁形稍弯，纤维少，质脆味美；荚长6～7厘米，宽1.5厘米，软荚率达98%；耐寒性强、怕热，生长适宜温度为10～20℃，播种到收获70～80天。也可作豆苗栽培。

（3）成驹三十绢荚　江苏省常熟市从日本引进。株高 1.5 米，需搭架；花白色；荚长 7 厘米，宽 1.5 厘米，不显粒，茎部分枝 1 ~ 2 个，以主蔓结荚为主；第 5 至第 7 节始生花序，双荚率高，荚形大小较平整，且嫩荚的背缝线纤维化程度低；亩产 400 ~ 500 千克。

（4）京引 8625　北京市蔬菜研究中心从欧洲引进的豌豆品种中选育出的食荚豌豆品种。株高 60 ~ 70 厘米，1 ~ 3 个分枝；始花节位在 7 ~ 8 节，花白色；豆荚圆柱形，长 6 厘米，宽 1.2 厘米，荚横切肉厚，质爽脆；每荚有种子 5 ~ 6 粒，排列紧密，老熟后种子绿色，千粒重 200 克。春播从出苗到采收嫩荚约 70 天，可连续采收 20 天。夏秋露地栽培，从播种至初收仅 45 天。冬季保护地栽培，9 月上旬播种，11 月上旬开始采收，可连续采收至翌年 1 月下旬。该品种对光照不敏感，适应性强。

（5）平成 1 号　上海惠和种业有限公司引自日本的食荚品种。植株长势旺盛，产量高；从低节位开始坐荚，分枝少，以主茎采摘为主，适宜密植；豆荚长 8 厘米、宽 1.8 厘米为适宜采收期，豆荚整齐度好，没有弯曲豆荚，有甜味，极早熟品种。

3. 甜豌豆

（1）甜脆太郎　日本品种，中国福州农播王种苗有限公司总经销。植株较矮，株高 70 ~ 80 厘米，栽培简易；籽粒大而饱满，豆荚肥大充实变圆时，荚和籽粒都可食用；风味清甜可口，口感好。适合无霜期内地温 10℃以上的地区 3 月上旬至 4 月中旬播种，6 月中旬至 11 月下旬采收。也可用于 10 月中旬至 11 月下旬播种，小苗 2 ~ 3 叶时越冬，翌年 4 月上旬至 6 月上旬采收。

（2）甜脆美奈　日本品种，由中国福州农播王种苗有限公司经销。植株蔓生，株高 2 米左右，1 米高时开始结荚；粒大而饱满，豆荚肥大充实变圆时，荚和籽粒都可食用；甘甜可口，商品性好。适合无霜期长的地区地温 10℃以上的 3 月中旬至 4 月中旬播种，6 月中旬至 7 月上旬采收。也可于 10 月中旬至 11 月下旬播种，小苗越冬，翌年 4 月上旬至 6 月上旬收获。

（3）白花食荚豌豆　日本品种，由上海惠和种业有限公司经销。蔓生品种，生长期长，长势旺盛；株高 1.0 米，分枝少，主枝结荚；花白色；收获期长，坐荚率高，荚长 1.8 厘米，荚宽 1.5 厘米，单荚重 2.8 克，甜味较浓，品质优，适合春秋两季栽培。

（4）成功 30　进口品种，由上海惠和种业有限公司经销。该品种是抗白粉病的极早熟高产食荚豌豆，长势旺盛，产量高，荚内缺粒少，弯荚少，白花；植株高约 1.8 米，荚长约 1.8 厘米，坐荚节位底。最适合高冷地和冷凉地的春播栽培，也适合夏季抑制栽培，虽可秋播栽培，但抗寒越冬性略差（图 6–8）。

图 6–8　豌豆品种——成功 30

4. 豆苗品种

（1）无须豆尖1号　四川省农业科学院作物所复合杂交而成。豆苗专用品种，株高130厘米；白花，无卷须；茎秆粗壮，生长迅速，播后20天即可摘嫩尖上市，可连续采收9 ~ 10天，采摘时间可持续几个月，亩产嫩梢可达1 000千克。

（2）上海豌豆苗　硬荚种。植株蔓生，匍匐生长，分枝多。主要以嫩梢供食，嫩茎叶质地柔软，味甜清香，品质佳。生长期长，从播种至初收，春季60 ~ 65天，秋季45 ~ 50天。适合江浙地区栽培。

（3）上农无须豌豆苗　上海农学院选育而成。叶片肥厚，羽状复叶，豆苗品质细腻，香味清醇。熟性中等，生育期60 ~ 70天，适合春秋两季栽培。

（三）高产优质生产技术

1. 播种育苗

（1）播期确定　豌豆的播种与育苗根据不同的设施及栽培季节有不同的要求。保护地栽培为降低栽培成本，提早上市，一般都采用育苗移栽的方法，一方面可以减少占地时间，便于茬口安排，同时也便于加强苗期管理，达到壮苗增产的目的。露地栽培则大多采用田间直播，操作简便易行，适用于大面积生产。

① 荚用及籽用豌豆的播种方法：大棚春早熟栽培苗龄一般较长，为30 ~ 35天，以生理苗龄4 ~ 6片真叶为宜。播种期根据苗龄、定植期和市场需求来决定，同时也取决于上茬作物拉秧腾茬时间。日光温室播种较早，采收期较长，产量较高。日光温

室的早春茬播种期一般在12月中旬至翌年1月上旬；冬茬播种一般在10月上中旬播种，11月上中旬定植；秋冬茬一般9月下旬播种，10月中下旬定植。长江中下游地区，可实现四季种植。秋季遮阳网棚栽培于8月上旬至8月底播种，秋季露地栽培于8月下旬至9月中旬播种。冬季薄膜温室大棚栽培于10月至翌年2月播种，冬季露地栽培于11月至翌年1月播种。春季露地栽培于2—4月播种。夏季露地栽培于5月上旬至5月底播种，夏季遮阳网棚栽培于5月中旬至6月中旬播种，但从其生长发育的最佳季节考虑，以9月下旬至11月上旬播种，翌年1—4月收获，即以秋播春收的茬口为主。

② 豌豆苗的播种：豌豆苗以采摘嫩茎尖及嫩叶为主。长江中下游地区，豌豆苗可作秋季及越冬栽培。秋季栽培于8月下旬播种，越冬栽培于10月上旬至翌年2月下旬播种，若春季播种，可撒播或条播，每亩用种10 ~ 15千克，播后用农膜或遮阳网覆盖。

（2）播前准备

① 种子处理：播种前应精选粒大、饱满、整齐、健壮无病虫的种子，保证全苗壮苗。可用40%的盐水筛选种子，将种子倒入盐水中，不充实的种子漂浮于水面，捞出剔除，沉入水底的即为好种，可用于播种。同时，通过不同的种子处理方法，可以较早地预防病虫害，促进发芽，加快生长发育。播种前可用二氧化硫熏蒸种子10分钟或用50℃热水浸种10分钟，可预防病虫。播种前用根瘤菌拌种，可增加根瘤数目，促进成熟，提高前期产量。在播种前用15℃温水浸种，浸泡2小时后上下翻动，待种皮

发胀后取出催芽，当种子萌动，胚芽露出后在 0 ~ 2℃低温下处理 5 ~ 10 天后取出播种。种子量少时，也可将吸胀后的种子直接置于冰箱内处理。低温处理有利于降低第 1 花序着生节位，提早成熟。

② 播种床准备：由于豌豆的根系再生能力差，豌豆育苗移栽时最好利用营养土育苗。营养土由经过耕翻暴晒、碎土、过筛、堆积过的田园土和无公害化处理的腐熟有机肥按 6 ∶ 4 混合而成，每立方米土中加入过磷酸钙 6 ~ 8 千克、尿素 0.5 ~ 1.0 千克或磷酸二氨 2 ~ 3 千克，再加入草木灰 4 ~ 5 千克，也可直接采用配制好的专用育苗基质。营养土最好装入营养钵、育苗穴盘或营养纸钵内，有利于保护根系，促进成活。也可直接在苗床上加上营养土，浇足水后按 10 厘米 ×10 厘米的方格划开，制成营养土块。

（3）播种及苗期管理　播种前苗床上应打足底水，以满足整个苗期的用水。播种时每个营养钵或营养土块播种 2 ~ 3 粒，要注意种子之间的相互间隔，播种深度 2 ~ 3 厘米，播后用营养土盖好，土厚 4 ~ 5 厘米。播种后根据不同气温条件，适当覆盖保温，早春大棚育苗的，可在苗床覆盖地膜保温保湿；日光温室早春茬育苗的，播种时正值严寒，可在温室内覆盖双层薄膜进行保温。播种后温度应控制在 10 ~ 18℃，待苗出齐后及时撤去苗床上的薄膜，并进行降温。出苗后温度降至 8 ~ 10℃，苗期气温过高时，要及时通风降温。真叶现出后，可适当提高温度。定植前低温炼苗，最低温度为 2℃，以增强幼苗的抗寒能力。豌豆幼苗期间一般不浇水，若过于干旱，则只能浇少量水或喷水，防止浇水过多造成幼苗徒长。

2. 设施与定植

（1）北方日光温室栽培

① 茬口选择：由于日光温室一年四季均能满足豌豆的生长发育条件，因此茬口安排主要依据上市效益及前茬的种植计划来确定。近几年的实践表明，利用日光温室进行反季节栽培，种植效益较高。常见的主要茬口有秋冬茬、冬茬和早春茬。

② 整地与施肥：豌豆在生长发育过程中根部分泌酸性物质，连作时这些酸性物质在土壤中积累，会影响次年根瘤菌的活动和根系生长，因此忌连作。白花豌豆对连作更敏感，必须实行 4 ~ 5 年轮作，其前茬最好是土质疏松肥沃、酸性较小的水稻田，菜地以冬闲地为好。对土壤要求不严，能耐瘠薄，但以黏质土壤为最佳。播种前深耕细耙疏松土壤，以促进根系发育，出苗整齐，幼苗健壮，抗逆能力增强。同时豌豆根系强大，分布较深，应充分施足基肥。豌豆对磷的要求非常严格，磷不足时，分枝减少，果荚生长发育受到抑制，增施磷肥是提高产量的关键措施。整地时，结合深翻整地，均匀施入充分腐熟的农家肥 3 000 ~ 5 000 千克、过磷酸钙 50 千克、草木灰 50 千克、磷酸二铵 55 千克等复混肥，深翻整细搂平。

③ 适时定植：日光温室栽培多采用育苗移栽，移植定植应注意适宜苗龄。苗龄过小，前期生长缓慢，严重影响早熟早上市；苗龄过大，易早衰，造成减产。适宜的壮苗标准为幼苗具 4 ~ 6 片真叶，节间短，幼茎粗壮，直立无倒伏，生理苗龄一般 25 ~ 35 天。

定植前按穴距打孔，穴距因不同季节及品种而异。荚用豌豆中蔓生品种一般 30 厘米见方或采用大小行定植，大行 50 厘米，小行 40 厘米，穴距 25 厘米。矮生品种如中豌 4 号宜适当密植。移栽时在畦面按穴打孔，及时定植并浇水，促进成活。

日光温室棚内直播，春、夏、秋播行距 35 厘米，穴距 10 厘米，每穴 3 粒，每亩用种量 10 千克左右。冬播行距 40 厘米，穴距 15 厘米。

（2）大棚春提前栽培

① 茬口选择：南方地区大棚早熟栽培主要利用荚用豌豆，一般早春播种，初夏收获，以取得高产高效。可利用秋延后辣椒、秋延后番茄的前作茬口，实行大棚设施的合理利用，也可利用秋冬休闲大棚，早春扣棚栽培。

② 适时扣棚：为提高大棚利用率，促进豌豆生长的提前成熟，一般应在定植前 20 天左右扣棚增温，促进土壤解冻。

③ 整地作畦：轮作及基肥施用同“日光温室”。一般在土壤表层清理后进行深耕施肥。湿地或地膜覆盖时尽量做成小高畦，高爽地块也可做成平畦栽培。

④ 适时定植：育苗移栽的，一般应选择冬春交接的晴天定植。平畦栽培的，一般棚内可做成 1.5 ～ 2.0 米的平畦，每畦 2 ～ 4 行，穴距 20 ～ 25 厘米；也可采用小高垄栽培，根据棚宽决定垄宽，双行或三行种植，穴距 18 ～ 20 厘米。

棚内直播的，可以条播或点播，每亩用种量 5 ～ 7 千克。每穴播种 3 ～ 4 粒，覆土厚度 4 ～ 5 厘米。

大棚豆苗生产，一般采用撒播形式，也可挖沟条播，播种期可从9月至翌年3月，分期播种，适期上市，每亩用种量10～15千克。

（3）露地栽培

① 栽培季节及间套作：豌豆是喜欢冷凉的长日照作物，我国南北方各地大多在春夏之际采收供应，但为了延长供应时间，根据各地气候不同，栽培季节也有所不同。长江流域及以南地区前面已经叙述，一般分为冬栽培、春夏栽培和秋冬栽培。华北地区大多春播夏收，在东北及西北地区，春夏播种，夏秋收获。

豌豆适合与蔬菜或粮食作物进行间套作。南方各省大多作为水稻、甘薯、玉米的前后作或与小麦混种，特别适合与玉米、棉花等高秆作物套作。

② 整地与施肥：应选择土壤肥力较好、排灌便利、光照充足的田块种植，播种前创造一个良好的土壤环境，做到耕作层深厚、土壤疏松，并做到精细整地、施足基肥，保证全苗和壮苗。一般亩施腐熟有机肥2 500～3 000千克或饼肥35～40千克，磷酸二铵20～25千克，过磷酸钙30～35千克，并适当追施钾肥。将化肥与有机肥混合施入，深耕整平、作畦。播种前打足底水。

③ 种子直播：播种前处理同前所述。播种密度因品种种类、栽培季节和栽培方式而异，播种深度3～4厘米，每穴播种2～3粒，播后压紧，使种子与湿润的土壤紧密接触，保墒促全苗。矮生品种一般采用条播，行距30～40厘米，株距8～10厘米，穴播株行距25～30厘米见方。半蔓生品种及蔓生品种一般按大小行种植，大行50厘米，小行40厘米，每穴播种2～3

粒。秋季或冬季栽培株行距适当减小，春季栽培行距适当加大，各地应因地制宜选择适当的行株距。

3. 田间管理

（1）温室大棚生产的田间管理

① 温度管理：冬春栽培，定植后缓苗期间温度应稍高，因此温室定植后应适当覆盖保温，大棚定植后要有 4 ～ 5 天停止通风，增加温度，缩短缓苗时间。缓苗至始花期，白天温度应保持在 20℃，高于 25℃开始通风降温，夜间温度 10℃以上，空气相对湿度要求 60% ～ 80%；开花结荚期对温度及湿度要求较敏感，温度过高、空气过干，易引起落花落荚。白天温度保持在 15 ～ 20℃，夜间温度 12 ～ 15℃，空气相对湿度 80% 左右。应根据室（棚）内外气温及时通风，提高结荚率。

② 水肥管理：豌豆耐旱力强，但耐湿力差，定植后浇足底水，并及时进行中耕除草培土保墒，一般不再浇水。抽蔓后耐旱力下降，需水量增加，此时可酌情浇水。开花初期不宜浇水，以防落花，若土壤干旱，则可少量浇水。开花结荚期需水量最大，此期不能缺肥受旱，要加强肥水管理，保持土壤湿润，及时追施肥水 2 ～ 3 次，可用腐熟的人、畜粪尿加少量过磷酸钙稀释后施入，促进结荚壮粒。

生长后期根据长势也可采用 0.5% 尿素液和 0.2% 磷酸二氢钾混合液进行根外施肥，干旱时及时补水。另外，夏季栽培的高温期更要注意水分的及时供给，这样既可以满足生长发育对水分的需求，同时也能有效降低地表温度，促进其正常生长。

③ 整枝理蔓：蔓生或半蔓生豌豆品种的茎蔓中空而脆嫩，

很易折断，特别是蔓生品种，枝蔓匍匐，互相缠绕，影响通风透光，导致落花落荚，引发病害，影响产量。因此当苗高 30 厘米时，应及时搭架，架高 1.5 米左右。半蔓生品种，在始花期有条件的最好也搭简易支架，并防止风雨后倒伏。棉花套作荚用豌豆，若高产棉田棉秆粗壮支撑牢固，则豌豆茎叶生长良好；若棉秆低矮，株条相互缠绕，则茎叶生长受阻，通风透光不良，会影响产量。茎蔓满架时，应根据植株长势，摘心促发侧枝，适当摘除多余的分枝和花朵，及时清除茎部黄叶、老叶，以利于通风透光。

④ 降温与防冻：豌豆夏季栽培由于气温高、生长快，生育期短，豆荚小而少，可适时加盖遮阳网，减少太阳光的直射，降低气温和地温，增加土壤水分含量，促进植物生长，增加产量。

越冬栽培中，豌豆开花后抗冻能力下降，并且豆荚在长粒充实阶段需要有一定的温度。因此，冬季大棚栽培要及时覆好薄膜，在短期强寒流来临之前应临时加盖防寒材料，避免嫩荚受冻。

⑤ 植株调整：豌豆出苗后长到 7 ~ 8 节（有 7 片羽状复叶）的时候就会开花，进入营养生长和生殖生长并进的阶段，这时若营养生长过旺，则容易落花落荚，特别是薄膜温室大棚栽培的豌豆更容易徒长，只长蔓不结荚。因此，在 7 ~ 8 片复叶时，温室大棚栽培豌豆要适当控制肥水，降低棚温，以利于营养生长向生殖生长转化，保证光合作用的产物在营养生长和生殖生长之间的合理分配，促进开花结荚。有徒长趋势的豌豆，可用 15% 的多效唑 1 000 倍液及时进行喷雾控制。

（2）露地生产的田间管理

① 中耕培土：豌豆在幼苗期易发生草荒，应中耕除草 2 ~ 3 次。一般在株高 5 ~ 7 厘米时进行第 1 次中耕，株高 10 ~ 15 厘米时进行第 2 次中耕，培土护苗。第 3 次中耕除草要根据生长情况，灵活掌握。

② 搭架理蔓：豌豆在株高 30 厘米时，必须搭架，否则茎蔓平卧地面，不仅田间管理和采收不便，而且下部茎叶容易腐烂导致病害。搭架后通风透光好，茎蔓粗壮，基部腐烂少，结荚多，籽粒饱满。豌豆蔓攀缘性不强，有时要进行适当的绑蔓。有的品种生长势强，在株高 30 厘米时，需要摘心，以促生侧枝，增加开花数，提高结荚率。

③ 灌溉：在生长期间应注意水分的管理。抽蔓开花时，即可开始灌水，特别是采收嫩荚或鲜豆粒的，更不能缺水。一般灌水 2 ~ 3 次后即可采收鲜荚。在结荚期，良好的水分条件是提高产量和品质的基础。食荚豌豆不耐湿，要经常清理沟系，保证雨后不积水，不受渍害。开花结荚期是食荚豌豆一生中需水量最多的时期，时值初夏，雨量偏少，可在开花期和结荚期各浇水 1 次，能有效地防止落花落荚，提高产量。

④ 施肥：豌豆施肥应以基肥为主，但在苗期气温较低，肥料分解慢，并且根瘤菌的固氮能力较弱，可在苗期结合中耕，每亩施硫酸铵 10 千克。晚熟品种在生育后期易发生脱肥现象，可在抽蔓期和结荚期，每亩用腐熟的人、畜粪尿 500 ~ 750 千克，加过磷酸钙 15 ~ 25 千克混合追施。也可在初花、盛花、结荚初期，叶面喷施磷肥及含硼、钼、锰等微量元素的肥料有利于增加

花荚数，促进籽粒饱满，对提高豆荚的产量和品质有显著的效果。

（四）适时采收

适时采收既能保证质量，又能提高产量，增加效益。以采收嫩梢为主的，苗高 15 厘米左右时开始采收，但高产的关键在割第 1 刀时不能只图眼前利益，过早割头。以后每隔 7 ～ 10 天采收 1 次，共可割 5 ～ 6 次。每次采收后，注意整理与包装，努力提高经济效益。

作鲜菜用的嫩荚，因生长季节及栽培方式的不同，开花后到青豆荚采摘的天数差距很大，夏季栽培由于气温高，豆荚生长速度快，开花至采收只要 20 天，而在冬季栽培中，开花至采收要 30 多天。因此，要根据豆荚的用途、豆荚壮粒程度灵活掌握采收日期。一般应在开花后 8 ～ 12 天，嫩荚充分长大，种子尚未发育或刚刚开始发育，荚壁微凸起，纤维少，品质好，为采收适期，一般分 3 ～ 4 批采完。

作青豆粒及制罐头用的豌豆的采收期，一般在开花后 14 ～ 18 天，豆荚仍为深绿色或开始变为淡绿色，豆荚已充分鼓起，豆粒已达 70% 饱满，豆荚刚要开始转色时采收。采收过早，品质虽佳，但产量低；采收迟了，豆粒中的糖分下降，淀粉增多，风味变差。注意不同部位的豆荚生长发育过程不一致，应分期分批及时采收。采收过程中注意保护茎叶不受损伤，以免影响后面的豆荚生长发育。

七、蚕豆

蚕豆是豆科野豌豆属结荚果的栽培种，一二年生草本植物，别名胡豆、罗汉豆、佛豆。干、鲜豆粒均可食用，并可作工业原料，茎叶可作饲料。蚕豆原产于亚洲西南部到非洲北部一带，现在世界上已有40多个国家栽培。西汉时传入我国，主要分布在长江以南各省，西北高寒地带栽培也较普遍。

（一）概况

1. 蚕豆的经济价值

蚕豆是营养极其丰富的优质蔬菜。其嫩豆粒春末初夏上市，无论炒、煮、烧汤或配佐于荤素菜中，都具有翠绿清香、软嫩鲜美的风味。其干豆粒可加工成多种食品，如油炸蚕豆瓣、怪味豆、五香蚕豆、豆瓣酱等。蚕豆粒加工成罐头，是出口创汇的优良品种，主要市场为世界各地的华人居住区，作为中餐餐馆的配餐用菜。蚕豆含有丰富的营养物质，包括蛋白质、脂肪、糖及磷、维生素 B_1、维生素 B_2、维生素 C 及烟酸等（表 7–1），且含有多种氨基酸、葫芦巴碱，常吃既可养身，还可防病。

表 7–1　蚕豆每 100 克可食部分中的主要营养成分

营养成分	含量	营养成分	含量
能量 / 千焦	278	蛋白质 / 克	6.9
脂肪 / 克	0.5	饱和脂肪酸 / 克	0.1
多不饱和脂肪酸 / 克	0.3	糖 / 克	0.7

续表

营养成分	含量	营养成分	含量
碳水化合物 / 克	5.0	膳食纤维 / 克	7.1
钠 / 毫克	4	维生素 A / 微克视黄醇当量	34
维生素 E / 毫克 α－生育酚当量	0.05	维生素 B_1（硫胺素）/ 毫克	0.20
维生素 B_2（核黄素）/ 毫克	0.34	维生素 C（抗坏血酸）/ 毫克	41.0
烟酸（烟酰胺）/ 毫克	3.18	叶酸 / 微克叶酸当量	423
磷 / 毫克	103	钾 / 毫克	250
镁 / 毫克	30	铁 / 毫克	1.9
钙 / 毫克	17	碘 / 微克	0.50
锌 / 毫克	1.20	水分 / 克	76

蚕豆味甘性平、微辛，无毒，其花、叶、梗和果实均可入药，鲜、干豆荚也可药用。蚕豆粥能健脾开胃，可缓解慢性肾炎、水肿等。蚕豆叶含有丰富的氨基酸及有机酸。新鲜的蚕豆叶还含有黄酮类化合物等。

蚕豆（图 7–1）中含有一种蚕豆嘧啶核苷和蚕豆嘧啶，可引起隐性血红蛋白，并使 6–磷酸葡萄糖脱氢酶缺陷，使红细胞的 GSH（还原型谷胱肽）下降。因此，少数人进食蚕豆或吸入蚕豆花粉后会引起急性溶血性贫血，称为蚕豆病。这类人应避免食用蚕豆或接触蚕豆花粉，以避免再次发病。

图 7–1　蚕豆的嫩豆粒

2. 形态特征

（1）根　蚕豆具有发达的圆锥根系，主根根系分布在60厘米土层内，深达75 ～ 115厘米。根上着生粉红色的根瘤，可以固定根系土壤中的氮素。

（2）茎　蚕豆茎为四棱而中空，表面光滑无毛，高30 ～ 180厘米，直立，有些品种结荚时倒伏，分枝力强，自根际抽发分枝，一般分枝2 ～ 4个或更多。蚕豆冬性品种主要由分枝结荚，春性品种由主侧枝结荚。

（3）叶　互生，初生叶为1对单叶，第3片叶片以上为羽状复叶，小叶椭圆形，小叶数2 ～ 9个，由下而上逐渐增多，最上部复叶小叶数减少，顶端小叶退化成短刺状，托叶三角形，背面有一紫色斑点状退化蜜腺。

（4）花　腋生，短总状花序，花蝶形，白色或紫白色，翼瓣中央有一大黑斑。每一花序下面的花先开，而且结荚可靠，大部分为自花授粉，异交率达20% ～ 30%。

（5）荚　幼荚绿色，成熟时变成褐色或黑色。荚长6 ～ 10厘米。种子扁平，椭圆形，种脐黑色，种子发芽率较高。

3. 生长发育及对环境条件的要求

（1）生长发育　蚕豆的生育过程经历出苗期、分枝期、现蕾期、开花结荚期和鼓粒成熟期5个时期。

① 出苗期：从种子萌动到茎叶露出土面2厘米，子叶不出土，需8 ～ 14天。

② 分枝期：从出苗到长出2 ～ 3个分枝。

③ 现蕾期：从分枝到主茎顶端已长出花蕾并被2 ～ 3片心

叶遮盖。

④ 开花结荚期：从始花到豆粒开始充实。

⑤ 鼓粒成熟期：从子粒充实鼓起到变硬。

（2）对环境条件的要求

① 温度：蚕豆为最耐寒性植物，发芽始温为 3 ~ 4℃，适温为 9 ~ 12℃。25℃以上高温发芽率显著降低。生长适温为 16 ~ 20℃，幼苗期能耐 –4℃低温。花芽分化及花蕾发育适温为 15 ~ 20℃，低于 1℃时花蕾受冻。开花结荚的适温为 16 ~ 20℃，10℃以下开花甚少。籽粒发育成熟的适温以 15 ~ 20℃为宜，温度过高被迫早熟而减产。

② 湿度：蚕豆既不耐旱又不耐涝，生育期需要适量的水分，排水不良则根瘤生长差，植株长势衰弱；若开花时受高温、干旱的影响，则落花严重。

③ 光照：蚕豆为喜光性长日照作物。冬春光照充足、气候温和有利于蚕豆的生长发育，低温弱光照则易导致落蕾、落花、落荚，影响产量。

④ 土壤：蚕豆适于土层较深厚、有机质含量较高、排水良好的沙壤土、壤土或黏壤土，pH 值以 6.2 ~ 8.0 为宜。蚕豆生长前需适量氮肥，促进苗期生长及根瘤形成，生长后期对磷肥、钾肥的需求增加。钙、镁、硼等元素对蚕豆的生长也有良好的作用。

（二）类型与品种

蚕豆按籽粒大小可分为 3 个变种。

① 大粒种：种子长、宽而扁，叶大，早熟，品质好，耐旱能力差。

② 中粒种：种子扁椭圆形。粮用或制作副食品。

③ 小粒种：种子较小，适应性强，产量高，品质差。

生产上，特别是加工，主要利用大粒种。

（1）白皮 又名三白蚕豆，南通地区优良品种。皮白、肉白、脐白。易煮熟，食时有酥感，适宜作青蚕豆、五香豆、奶油豆等豆制品。江苏地区生育期230 ~ 240天。株高90 ~ 100厘米，单株结荚20 ~ 30个，平均每荚2 ~ 3粒。适合长江中下游地区种植。

（2）陵西一寸 日本引进品种，由福建省农业科学院作物研究所引进。从播种到开花110 ~ 130天，至始收170天左右。株高110厘米，茎秆四棱、中空；单株分枝8 ~ 12个，有效分枝6 ~ 8个；叶深绿色，长椭圆形；主分枝叶片约28张；无限生长习性，最低开花节位第6节，主茎可连续开花15 ~ 18层；白花，翼瓣中央具椭圆形的黑褐色斑点，总状花序，每花序含小花4 ~ 6朵；单株结荚12 ~ 18个，以2 ~ 4粒荚为主，2粒荚占单株荚重的25%左右，3 ~ 4粒荚占单株荚重的60%；鲜籽粒青绿色，阔薄形，长2.6 ~ 3.0厘米、宽2.2 ~ 2.5厘米，干籽粒青白色，百粒重200克左右，一般亩产青荚700千克。

（3）青海14号 青海省农林科学院作物所选育而成，粮菜兼用型春蚕豆品种，中抗赤斑病，耐冷性中，耐旱性中；幼苗直立，幼茎浅绿色，主茎绿色、方形，叶姿上举，株形紧凑；总状花序，花白色，旗瓣白色，脉纹浅褐色，翼瓣白色，中央有一黑色圆斑，龙骨瓣白绿色；主茎结荚平均节高 24.5 厘米，平均每株有效荚 14.6 个，荚长 11.9 厘米，荚宽 2.3 厘米，平均每荚 2.2 粒，单荚重 18.9 克；种皮有光泽、半透明，脐黑色；籽粒乳白色、中厚型，宽度 1.9 厘米，长度 2.6 厘米，脐端厚 1.0 厘米，粒端厚 0.6 厘米，鲜籽百粒重 225.5 克。属中熟品种，生育期 110 ～ 125 天。

（4）通鲜 1 号　江苏沿江地区农业科学研究所育成的白皮黑脐的大粒蚕豆品种。该品种株形紧凑，株高 93.2 厘米，茎秆中空四棱，下部淡绿色，中上部淡紫色；花淡紫色至紫色，无限花序；单枝结荚多，平均 2.84 个，荚长 10.4 厘米，荚宽 2.8 厘米，平均每荚 2.1 粒，单荚重 18.9 克；种子为白皮黑脐，有光泽，籽粒长方形，宽度 1.5 ～ 2.0 厘米，长度 2.1 ～ 2.6 厘米，鲜籽百粒重 464 克，易煮烂，酥甜可口，风味独特。亩产鲜豆荚 1 000 ～ 1 300 千克。

（5）启豆 5 号　江苏省启东市选育。该品种平均株高 95 ～ 100 厘米，茎秆粗壮，根系发达，抗倒，对锈病、黄花叶病抗性较好。单株有效分枝 3.0 ～ 3.5 个，平均每荚 2.4 粒；粒形为长椭圆形，绿皮黑脐，鲜籽百粒重 480 ～ 500 克，青豆粒皮薄鲜嫩，肉质细腻，质地酥软，口感优良。亩产鲜豆荚 1 000 千克左右，亩产干籽 180 千克左右。

（6）临蚕 9 号　甘肃省临夏州农业科学研究所选育的中熟大粒品种。该品种株形紧凑，植株生长整齐，春性强，生育期 125 天；株高 125 厘米，有效分枝 1 ～ 3 个；主茎粗 1.0 厘米，幼茎绿色，叶片椭圆形，叶色浅绿；花淡紫色，始荚高度 25 厘米，结荚集中在中下部；单株荚数 10 ~ 18 个，平均每荚 2 ~ 3 粒，单株粒数 20 ~ 40 粒；荚长 11.0 厘米，荚宽 2.1 厘米；粒长 2.2 厘米，粒宽 1.7 厘米，鲜豆百粒重约 178.3 克；种皮乳白色，种脐黑色，色泽鲜艳，粒大饱满，商品性好，抗根腐病，喜肥水。

（三）高产优质生产技术

1. 整地与施肥

蚕豆能适应稍黏重而湿润的土壤，但以土层深厚、有机质含量丰富、排水良好、pH 值 6.2 ~ 8.0 的黏质壤土或沙质壤土为宜。酸性过大的土壤种植蚕豆需适当撒施石灰。

同其他豆类作物一样，蚕豆忌连作，至少应隔 3 年。最好与水稻、玉米、棉花、花生等作物轮作，也可套作在麦田、果园、桑园的空地上。

蚕豆根系发达，入土较深。播种前最好耕翻晒垡，开沟作畦，作畦时根据不同地区及地块作平畦或高畦。基肥在耕翻前施入，一般应施复混肥 25 千克或农家肥 2 000 千克，过磷酸钙 20 千克，氯化钾 5 千克。

2. 播种育苗

大粒蚕豆具有生长势旺、抗寒性差的特点。在江淮以南冬春不太严寒的地区，多进行秋播，翌年 4—5 月上旬采收。播种期 10 月上旬至 11 月上旬。播种过早，植株生长过好或开花过早易受虫害；播种过迟，前期生长不足而影响产量。北方春播应特别注意避免花期受严霜危害，应在气温稳定在 3℃以上，3 月中旬至 4 月上旬播种。播种量根据种子大小、植株分枝习性、种植方式等决定，平均株行距33厘米 ×33厘米，也可采用行距50厘米、株距16 ~ 20厘米的种植方式。播种可采用穴播式，每穴2 ~ 3粒，播种深度3厘米左右。一般每亩用种子10千克左右。

3. 田间管理

（1）水肥管理 蚕豆种子大，吸水力强，播种后应充分供水，促进早发芽，早齐苗。蚕豆生长期需要湿润的土壤环境条件，要求土壤不干不渍。现蕾开花期、结荚期、鼓粒期需水更多，缺水易导致落花落荚，豆粒不饱满，因此必须注意及时灌溉。但雨水多的年份，应及时做好排水降渍工作，防止田间积水。

蚕豆幼苗生长到3 ~ 4片真叶时，自体营养已被吸收，根瘤尚未形成，此时追施尿素5千克，促进早分枝、多分枝，使前期生长发育良好。生长期间分期追施过磷酸钙10 ~ 15千克，氯化钾10千克左右，促进根系生长，增强豆秆抗倒伏的能力。开花结荚期喷施0.3%的磷酸二氢钾或喷施含钼、镁、铜等微量元素的肥料，可减少落花落荚。

（2）中耕、整枝 苗期在未封行前中耕2 ~ 3次，同时结合进行除草、培土、清沟、理墒等4项管理措施。开花前再中耕1次，增加土壤的保水和通透性，促进根系及根瘤的生长发育。

蚕豆的分枝能力很强，除茎基部的一级分枝为有效株外，高节位一级分枝和二级、三级分枝多为无效分枝，生长过旺易造成田间郁闭，影响开花结荚。生产上应及时清除多余侧枝、摘除顶点，增加通风透光，减少养分消耗。去除分枝需在蕾期分次进行。初花期定枝，每株有6 ~ 10个分枝。摘顶以摘除叶心为度。

整枝打叶应选择晴天进行，防止伤口感染。

（四）合理采收

采收鲜嫩豆荚，长江流域及以南地区一般采收期在4月中旬至6月。在开花后25 ~ 30天豆荚饱满肥大、籽粒软嫩呈深绿色、种脐尚未转黑前采收，采收时从上而下，每隔7 ~ 8天采收1次。

采收用作速冻的青豆粒时，须在豆粒肥大饱满、颜色由深绿变淡绿、荚面露出网纹状纤维时采收。生产者应根据加工厂的要求适期采摘，精心分级挑选，以保证产品质量。

干籽采收应等植株充分成熟、茎叶部分枯黄、豆荚褐变、豆粒饱满时采收，并及时脱粒晒干。

八、四棱豆

四棱豆是豆科四棱豆属一年生或多年生缠绕草本植物，别名翼豆、四稔豆、杨桃豆。原产于非洲热带地区和东南亚地区，在我国已有100多年的栽培历史，其中以广东、云南的栽培历史最为悠久，近些年国内有许多其他城市引种四棱豆并获得了成功。

（一）概况

1. 四棱豆的经济价值

四棱豆是一种地上结荚、地下长薯，根、茎、叶、花均可直接食用的粮、油、菜、饲、药兼用的高蛋白作物品种，被人们称为“豆科新秀”和“绿色金子”，其综合利用日益受到世界各国的重视。

四棱豆营养丰富，是一种具有保健功效的稀有蔬菜，其嫩叶、鲜荚和花的营养都很丰富。无论素炒、荤炒，味道都很鲜美。豆粒可用于生产高档优质食用油，其嫩叶、荚壳制成的饲料（干品）蛋白质含量18% ~ 21%，是高于大米和小麦的高蛋白饲料。四棱豆的块根蛋白质含量高达25%，碳水化合物含量27% ~ 31%，其营养价值为块根之首，比红薯、马铃薯高，且味道鲜美，酷似板栗。用四棱豆加工而成的豆腐，比用大豆加工而成的豆腐更为细嫩可口（表8–1）。

表 8-1　四棱豆每 100 克可食部分中的主要营养成分

营养成分	含量	营养成分	含量
能量 / 千焦	96	蛋白质 / 克	2.1
脂肪 / 克	0.1	碳水化合物 / 克	3.5
膳食纤维 / 克	1.2	维生素 A / 微克视黄醇当量	122
维生素 B_1（硫胺素）/ 毫克	0.35	维生素 B_2（核黄素）/ 毫克	0.14
维生素 C（抗坏血酸）/ 毫克	32.0	烟酸（烟酰胺）/ 毫克	0.80
磷 / 毫克	43	钙 / 毫克	5
铁 / 毫克	0.5	灰分 / 克	0.5
水分 / 克	94		

四棱豆的根瘤固氮作用很强，一亩地的四棱豆，根瘤能固氮 11 ~ 15 千克，相当于施用硫铵 55 ~ 75 千克，而且地里残留较多，对于土壤培肥和改良有极大作用，是果园覆盖、改土最佳套种作物。

四棱豆主要用作蔬菜，嫩豆荚可以鲜炒、盐渍、做酱菜，还可加工成罐头；嫩叶、花朵可以做汤；块根可以鲜炒或制作干片与淀粉；干豆粒可榨油，制作豆奶、豆腐等。

四棱豆的叶片、豆荚、种子及块根均可入药，种子含有丰富的维生素 E、维生素 D；块根性凉，味微甜涩，无毒，可消炎止痛；豆荚可清热解毒，还可作为减肥食品。同时，四棱豆含有丰富的微量元素硒、镁、铁、铜、铝、钙等，是研制微量元素保健食品的新资源。

2. 形态特征

（1）根　四棱豆根系发达，由主根、侧根、须根和块根组成。主根或侧根膨大后成块状。一年生的块根直径可达 2 厘米，长 10 ~ 20 厘米；二年生的块根粗 3 ~ 4 厘米，长 40 厘米，根颈可萌发根苗，用作无性繁殖。侧根分布直径 40 ~ 50 厘米，深 70 厘米左右，主要分布在 10 ~ 20 厘米的耕层内。主根和侧根上有较多根瘤，固氮能力强。

（2）茎　茎蔓生，光滑无毛，左旋性缠绕生长，可攀缘 4 米以上，呈绿、紫绿和紫色，以绿色为主。主茎一般有 25 ~ 40 节。在湿润条件下，茎节容易发生不定根，可扦插繁殖。分枝性强，可分生三级分枝，一般以第一分枝结荚为主，其次是二次分枝，也有矮生自封顶有限生长习性。

（3）叶　子叶不出土。第 1 对复叶一般为对生单叶，第 3、4 片真叶有时也是对生单叶。复叶为三出复叶，互生，小叶椭圆形、三角形或卵披针形等，先端尖，全缘，灰绿或紫绿色。

（4）花　为总状花序，着生于叶腋处，每一花序上有花朵 3 ~ 10 朵，但一般只开 2 ~ 4 朵，结 1 ~ 2 荚。花冠蝶形，白色或淡蓝色。自花授粉。

（5）果实及种子　嫩荚绿色或紫色，荚长 6 ~ 40 厘米，宽 2 ~ 4 厘米。荚果有 4 个棱角，每个棱角有锯齿状翼，故名“翼豆”。单荚重 20 ~ 25 克。单荚种子数 5 ~ 20 粒，种子小球形，有光泽，颜色主要为褐、黄、白、黑或有花斑。干豆千粒重 250 ~ 350 克。

3. 生长发育及对环境条件的要求

（1）生长发育　四棱豆可以用种子和块根繁殖，以种子繁殖为主。全生育期依品种不同而异，一般在 180 ~ 270 天。通常情况下，播种后 5 ~ 8 天出苗。幼苗早期生长缓慢，大约 20 天后生长加快。有些品种出苗 20 天左右开花，开花至荚果成熟 40 ~ 50 天。花后 15 ~ 20 天为嫩荚的适宜采收期。豆荚成熟时容易开裂，应及时采收种子。植株落叶前后采收块根。在温暖地带当年不采收块根，留老藤过冬，翌春生长旺盛，开花结荚多，块根较大，可连续采收多年。

（2）对环境条件的要求

① 温度：四棱豆喜温暖多湿，不耐霜冻。种子发芽适温为 25℃左右，15℃以下和 35℃以上发芽不良。生长和开花结荚适温为 20 ~ 25℃，17℃以下结荚不良，10℃以下生长发育停止。对霜冻敏感，遇霜冻即死亡，但块根在较凉爽的温度下发育良好。

② 水分：四棱豆喜温暖多湿的气候条件，生长期间雨水充足则生长旺盛。尤其在开花结荚期对干旱很敏感，应及时浇水。四棱豆怕涝，若田间水分过多，则极易烂根死苗，应及时排水降渍。

③ 光照：四棱豆为短日照作物，临界光周期为 12 小时左右。苗期给予短日照处理，能提早开花，特别是出苗 20 ~ 28 天的幼苗，对短日照尤其敏感。四棱豆要求光照充足，在背阴处栽培则生长发育不良。

④ 肥料：四棱豆生长地块以 pH 值 4.5 ~ 7.5 较为适宜，当 pH 值低于 4.5 时，需进行土壤改良。四棱豆虽然有很强的固氮能

力，但因为生长期长，需肥量也大，一般生长前期需磷肥、氮肥较多，开花结荚期需钾、氮肥较多，除了在苗期少量施氮肥外，应以有机肥和磷肥为基础，营养生长期施少量氮肥，中后期适当增加磷肥、钾肥。

（二）类型与品种

四棱豆属中可作栽培种用的有两个品系：一为印尼品系，多年生，较晚熟，也有早熟类型，在低纬地区全年播种均能开花。有的对 12.0 ~ 12.5 小时的长光周期较敏感，营养生长长达 4 ~ 6 个月。豆荚长 18 ~ 20 厘米，个别长达 70 厘米以上，我国栽培的多为此类。二是巴布亚新几内亚品系，多为一年生早熟品种，荚长 6 ~ 26 厘米，表面粗糙，种子和块根的产量较低。近年来国内已开始新品种选育并获得成功。

（1）桂丰 1 号　广西农学院育成。主蔓长 3 米左右；豆荚扁平状，肉质肥厚，纤维不易老化，第 1 花序着生节位在 4 ~ 6 节；侧蔓 3 ~ 6 条，适于密植，每亩种植 4 000 ~ 6 000 株，用种量 1.2 ~ 1.5 千克。广西春播为 3—4 月，采收期为 7 月上旬至 7 月下旬；夏播为 5—7 月，采收期为 8—10 月，亩产嫩荚 1 000 ~ 1 400 千克。

（2）桂丰 3 号　广西农学院育成。无限生习性，蔓生；主蔓长 3.5 ~ 4.5 米，主蔓 15 ~ 20 节开始着生花序，3 ~ 10 节共长出 3 ~ 7 条 1 ~ 2 米长的侧蔓，侧蔓的 2 ~ 3 节开始着生花序；侧蔓长出 1.0 ~ 1.5 米长的孙蔓，孙蔓 2 节开始着生花序。结荚初期以侧蔓和孙蔓结荚为主，后期则以主蔓结荚为主。

嫩荚浅绿色，直而大，光滑美观，单株结荚30 ~ 50个，亩产嫩荚1 250 ~ 1 600千克。广西适宜播期为5—8月，每亩可栽2 000 ~ 3 000株。

（3）桂丰4号 广西农学院育成。茎蔓生攀缘，蔓长4.0 ~ 4.8米，分枝力强，茎基部1 ~ 6节可分枝4 ~ 6条侧蔓；茎叶光滑无毛，深紫红色；荚果四棱形，嫩荚绿色，翼边深紫红色，荚大，纤维化较迟；单株结荚50 ~ 60个，成熟荚及种子黑褐色，亩栽2 000 ~ 3 000株，亩产嫩荚1 100 ~ 1 700千克。

（4）桂矮 广西农学院育成。分枝能力强，植株呈丛生状，不用支架就能直立；主蔓长11 ~ 13片真叶后，其顶芽即分化为花芽而自封顶；主蔓长约80厘米，子蔓长出3 ~ 4片叶，孙蔓长出1 ~ 3片叶后，其顶芽分化出花芽而自封顶；主蔓、子蔓和孙蔓各茎节都可开花，结荚主要集中在主蔓7节以下；嫩荚绿带微黄色，断面呈正方形，单株结荚40个左右。亩产嫩荚1 000 ~ 1 250千克，产块根100千克。

（5）甬陵1号 浙江省宁波市农业科学院蔬菜研究所选育。植株蔓生，生长势强，其蔓可达4米以上，需搭架栽培；茎光滑无毛，绿色，左旋性缠绕生长；苗期生长缓慢，抽蔓后生长迅速，分枝性强，侧枝多；根系发达，由主根、侧根、须根、块根和根瘤组成，一年生植株便可形成块根。总状花序，腋生；嫩果荚呈黄绿色，荚长10 ~ 12厘米，质脆嫩，纤维少，品质好；成熟荚呈深褐色，内含种子7 ~ 20粒；种子球形，表面平滑有光泽；无限生长习性，春播后约65天始收嫩荚，亩产嫩荚1 500 ~ 2 000千克。

（6）翠绿　中国热带农业科学院热带作物品种资源研究所选育。蔓生，无限生长习性，生长势与分枝能力较强，蔓长 3.5 米，茎紫绿色，旋性缠绕生长；小叶近三角形，叶片数较少；总状花序腋生，每花序着生 3 ~ 10 朵小花，花淡紫色；嫩荚长四棱形，有翼翅，横截面正方形，荚长 18 厘米，宽 1.9 厘米，绿色，质脆嫩，纤维少；每荚平均重 30 克，平均种子数 12.7 粒；种子淡褐色，单粒种子重 0.34 克。一般亩产嫩荚 1 500 ~ 1 800 千克。

（7）长棱巨霸　三亚市南繁科学技术研究院从非洲引进长果型四棱豆新品种，经过在海南 3 年 6 代扩繁获得的新品种。该品种中晚熟，全生育期 270 天左右，播种至始收 60 ~ 70 天；蔓生，茎蔓长约 4.5 米，生长势强，分枝能力强，三出复叶，小叶长条形；总状花序，一般每花序着生 5 ~ 15 朵小花，每花序可结荚 1 ~ 3 个；单株结荚 25 ~ 35 个，果荚长条形，鲜荚嫩绿色，荚长 34 厘米左右，相对不易老化，较耐储运；种子近球形，深褐色，有光泽，每荚种子数 10 ~ 16 粒，种子千粒重 370 克左右。亩产嫩荚约 3 078 千克。

（三）高产优质生产技术

1. 栽培季节和方法

四棱豆生育期较长，生长发育需要较高温度。一年生栽培一般都是春播秋收；多年生栽培的，在冷凉的冬季地上部枯死，以地下块根越冬，翌年温暖潮湿季节到来时自块根上发出新芽又开始生长。

四棱豆枝叶茂盛，单株幅冠大，前期生长慢，适宜与其他作物进行间作套作，也可种植于院边地角等作为观赏和采食兼用。

2. 整地与施肥

四棱豆喜温暖多湿气候，不耐霜冻。根系发达，较抗旱而不耐涝。宜选择背风向阳、排灌方便、土壤肥沃疏松、通气良好的沙壤土种植。与豆类作物连作生育不良，易发病，宜实行 2 ~ 3 年轮作。前作收获后，及时翻地，冬耕晒垡。结合整地施腐熟有机肥 1 000 ~ 1 500 千克、过磷酸钙 50 千克、硫酸钾 10 千克，过酸土壤还需加入适当的石灰中和，耕翻入土，耙平地面，开沟作畦。作畦可根据地势及水位，作平畦或高畦。可采用双行栽培，畦宽 1.5 米，双行定植，行距 50 厘米，株距 30 ~ 40 厘米。矮生品种单行种植，株距 40 ~ 50 厘米。间套可根据套种作物来确定种植密度。

3. 播种育苗

根据四棱豆发芽生长所需的温度，只要地温稳定在 25℃左右就可播种，气温稳定在 20℃以上即可移栽（我国南方大多在 3—5 月播种，北方在 6 月左右播种）。若利用设施栽培，则可以提前播种。地膜覆盖播种可提前 7 ~ 10 天。

四棱豆既可用种子繁殖，也可用块根繁殖，一般以种子播种为主。四棱豆种子种皮坚硬，表面光滑且略有蜡质，透水性差，不易发芽，播种前应进行种子处理。先晒种 1 ~ 2 天，再用 45 ~ 55℃的温水烫种 10 分钟，然后浸种 2 ~ 3 天，每天换水 1 次。待种子吸足水并有 90% 萌芽时，捞出晾干种皮即可播种。也可在播前稍加机械损伤或用稀硫酸浸种，有利于发芽。

四棱豆多采用田间直播，有时为提前上市可利用设施进行育苗移栽。育苗可在日光温室、大棚、小拱棚等设施内进行。采用营养土块或营养钵育苗（营养土配制参见“毛豆”等），将催好芽的种子播于营养钵或者营养土块内，每钵（穴）2 粒，播后覆细土并盖好薄膜增温保湿。出苗后及时揭膜以防灼苗。出苗前温度控制在白天 25℃左右，夜间 18℃以上。出苗后及时通风炼苗，保持床温为 20 ~ 25℃。待外界气温稳定在 15℃以上，在晴暖天气将薄膜全部揭开炼苗。当生理苗龄达 3 ~ 4 片真叶，日历苗龄 30 ~ 35 天即可移苗定植。直播栽培的，每穴播种 2 粒，播后覆土 2 厘米厚，镇压畦面，浇水。当幼苗具有 7 ~ 8 片真叶时定苗移株。

播种后 7 天，幼苗开始出土时要及时查苗、补苗，幼苗长到 7 ~ 8 叶时进行间苗，并及时拔除弱苗、病虫苗、畸形苗，每穴选留 1 ~ 2 株生长健壮的苗。移栽苗如有缺苗、断苗的，也应及时补苗。

4. 定植

定植密度以每亩 1 500 ~ 2 000 株为主。定植时先在畦上开沟或打穴，深度以苗坨放入后不高于畦面为宜，放苗后盖土、压紧、浇水即可。

5. 田间管理

（1）中耕除草和培土 四棱豆苗期生长缓慢，要及时中耕除草。幼苗期应结合中耕，浅除草 2 ~ 3 次，松土保墒，提高地温，促进根系发育。主蔓高 100 厘米左右，植株将开始抽蔓时，结合浇水再中耕 1 ~ 2 次。当枝叶旺盛生长，植株已封行时，停止中耕以免伤根，但此时应培土起垄，以利于地下块根生长，培土高度为 15 ～ 20 厘米。

（2）肥水管理　四棱豆有较强的固氮能力，可在苗期少施氮肥。整个营养生长期应控制氮肥用量，以免造成枝蔓旺长，影响开花结荚。进入生殖生长期，即开花结荚期，应重施磷肥、钾肥，一般掌握在现蕾开花初期追重肥 1 次，每亩施过磷酸钙 50 千克、氯化钾 15 千克；进入开花结荚盛期，应进行根外施肥，7 ～ 10 天喷 1 次 0.2% ～ 0.5% 的磷酸二氢钾溶液。每采收 2 ～ 3 次，结合浇水，追施 1 次磷肥。

四棱豆喜湿润环境，应注意浇水，保持田间湿润，特别是在开花结荚期，保持充足的水分有利于满足枝蔓生长和开花结荚，保证产量和品质。但切忌田间浸水，水分过多会影响根瘤形成和根系的生长发育，造成烂根、落叶、落花、落荚。

（3）引蔓上架及植株调整　四棱豆攀缘性强，出苗后 30 ～ 40 天开始抽蔓，茎蔓长 30 ～ 50 厘米时要及时搭架，引蔓上架。因为地上部比一般蔓生豆类繁茂，结荚又多，荚又大，故架材应选择长 2 米以上、直径 4 厘米以上的竹竿，搭“人”字架或平顶架。

四棱豆主侧蔓生长旺盛，进入开花结荚期后养分竞争激烈。一般在初期将主蔓摘心，促进侧枝生长；后期对生长枝条应多次摘心，促进分枝，控制旺长，减少落花，促进结果。同时对过密的三次分枝和过旺枝叶应及时摘除，以节约养分，保持群体的通风透光，提高结荚率。喷洒生长调节剂对提高结荚率也有一定的效果，可于晴天下午用 30 毫克 / 升赤霉素，或 30 毫克 / 升 2,

3，5- 三碘苯甲酸，或 1 克 / 升乙烯利等喷花序，连喷 3 次以上。

（四）合理采收

四棱豆嫩豆荚的采收一般在开花后 12 ~ 15 天，嫩荚长到 10 ~ 15 厘米，以豆荚手掐较软，豆荚由黄绿色开始转为翠绿色时采摘为比较好，若采收过迟，则纤维增加，荚壁粗硬，品质变差，不能食用。采收后应立即置于阴凉处，堆积不宜过多，要防雨淋日晒，在 10℃左右、空气相对湿度为 85% ~ 90% 的条件下，可短时间储存。运输过程中，需用筐或编织袋包装，防雨、防冻、忌挤压。

九、红花菜豆

图 9-1　红花菜豆

红花菜豆（图 9-1）是豆科菜豆属中以嫩荚、种子及块根供食用的栽培种，别名赤花蔓豆、多花菜豆、虎斑豆、龙爪豆、荷包豆，多年生缠绕植物，一般作一年生栽培。原产于美洲中南部，现世界各地多有分布，我国的云南、贵州、四川等省栽培较广。

（一）概况

1. 红花菜豆的经济价值

红花菜豆原来在我国的种植面较少，近几年来，随着外贸出口的迫切需要，我国的红花菜豆生产发展迅速。在云南、浙江、陕西等地都建立了相当规模的种植基地，其产品已远销 10 多个国家和地区，成为出口创汇的重要产品。

红花菜豆营养丰富，且具有良好的保健功效，食用加工方法简单易行，是一种优质蔬菜，也是国内食品加工业的紧俏原料，是出口创汇的优质农产品。其植株生长迅速，叶大阴浓，开花络绎不绝且色彩艳丽，是房前屋后、阳台屋顶及庭院篱垣、栅架绿化的观赏作物。茎叶含有较多的蛋白质和多种营养，是优质的饲料作物。

红花菜豆以菜用为主，其嫩荚、嫩豆粒和干豆粒均可作为蔬菜食用。鲜豆可煮汤做菜，风味鲜美，多汁脆香，口感胜过普通菜豆；干豆做成的豆沙是糕点食品的主要馅料，在我国台湾地区，是加工八宝粥的主要配料；嫩荚和干籽粒中含有丰富的蛋白质、矿物质和多种维生素。籽粒蛋白质中含有 17 种人体必需的氨基酸，每 100 克干豆中含蛋白质 20 ~ 22 克，碳水化合物 63 克以及钙、磷、铁、锌等微量元素，维生素 B_1、维生素 B_2、维生素 E 等（表 9–1）。

表 9–1 红花菜豆每 100 克可食部分中的主要营养成分

营养成分	含量	营养成分	含量
能量 / 千焦	1389	蛋白质 / 克	17.2
脂肪 / 克	1.7	饱和脂肪酸 / 克	0.2
单不饱和脂肪酸 / 克	0.1	多不饱和脂肪酸 / 克	0.9
碳水化合物 / 克	61.2	膳食纤维 / 克	26.7
可溶性膳食纤维 / 克	1.2	不溶性膳食纤维 / 克	25.5
钠 / 毫克	1	维生素 E / 毫克 α – 生育酚当量	3.60
维生素 K / 微克	8.0	维生素 B_1（硫胺素）/ 毫克	0.67
维生素 B_2（核黄素）/ 毫克	0.15	维生素 B_6 / 毫克	0.51
烟酸（烟酰胺）/ 毫克	2.50	叶酸 / 微克叶酸当量	140

续表

营养成分	含量	营养成分	含量
泛酸／毫克	0.81	磷／毫克	430
钾／毫克	1700	镁／毫克	190
钙／毫克	78	铁／毫克	5.4

红花菜豆性平味甘，具有健脾、壮肾、温中和气的功效，多吃红花菜豆对脾弱肾虚患者有益。常吃能调理胃肠助消化、化湿、祛水肿、治脚气。

2. 形态特征

（1）根　根为直根系，主根发达，入土深。在热带及亚热带地区多年生长可形成明显块根，块根肥大多汁，与根瘤菌共生，但固氮能力弱。在我国栽培的块根较少。

（2）茎　红花菜豆可分为蔓生型和矮生型 2 种。蔓生型顶芽为叶芽，能不断延伸生长，株高 2 ~ 5 米，茎上叶腋间有分枝 2 ~ 8 条。矮生型一般生长至 20 ~ 30 节后自封顶，幼茎粗壮多汁，有毛，紫红色或绿色，茎略有棱。

（3）叶　第 1 真叶为对生单叶，较大，心形或阔卵圆形，后出叶为互生的三出复叶，小叶卵形或阔菱状卵形，全缘，叶面绿色，背略灰白，长 6.5 ~ 12.5 厘米，宽 10.0 ~ 12.5 厘米，托叶较大，呈三角形，叶柄较长，有凹沟，疏生茸毛。

（4）花　红花菜豆为腋生总状花序。一般在第 2 节叶腋内抽生花序，花为蝶形，朱红色，每一花序上着生花数较多且花朵密集。一般有 20 ~ 25 对，多者近百朵，具有较好的观赏效果，但结荚率较低，尤其在花期遇高温干燥天不结实，异花授粉为主（图 9–2）。

（5）荚果和种子　红花菜豆豆荚扁平，长而肥厚，长 10 ~ 30 厘米，宽约 2 厘米。每荚种子数 3 ~ 6 粒，荚有茸毛，略成弓形，成熟时由绿色转变为褐色。种子成熟时由鲜红转为深红且具黑斑，扁平如肾，籽粒较大，长 1.8 ~ 2.4 厘米，宽 1.1 ~ 1.5 厘米，干籽千粒重 95 ~ 165 克。出苗时子叶不出土（图 9–3）。

图 9–2　红花菜豆的花

图 9–3　红花菜豆的种子

3. 对环境条件的要求

（1）温度　红花菜豆喜比较冷凉湿润的气候，发芽期温度为 8 ~ 32℃，最适温度为 17℃。幼苗期适宜温度为 12 ~ 17℃，开花结荚期以 15 ~ 25℃为适。夏季高温地区因自交不亲和或因高温障碍，常开花不结荚，温度在 25℃以上时不易坐荚或很少结荚。红花菜豆生长期长，性喜温，地上部分不耐霜冻，适于无霜期 130 天以上的地区种植。

（2）水分　红花菜豆发芽时吸水力强，吸水量约为种子重量的 1.5 倍。苗期不耐涝。开花结荚期不耐旱。湿润的土壤条件有利于植株生长，土壤水分含量不足时，根系生长不良，干燥条件下易落花，过湿或者水涝时又易发生病害，雨季要注意防涝。

（3）光照　红花菜豆为短日照作物，并要求有充足的光照，多为中光性，四季都能开花。南方品种北引种植，生育期推迟，如进行短日照处理，则能够提前开花结荚。

（4）土壤及养分　红花菜豆生长对土壤要求不高，肥力中等、土层较深、排水良好的地块即可，以有机质丰富的沙壤土最为适宜。土壤 pH 值 4.8 ~ 8.2，pH 值过低时，需使用石灰改良。红花菜豆的固氮能力较弱，苗期及生长期需要施入适量的氮肥。开花结荚期需肥量大，应在施足基肥的基础上重施追肥。红花菜豆对磷肥、钾肥的需求量较大，要注意氮、磷、钾的配合使用，对微量元素硼极为敏感，若缺乏硼素，则根瘤形成小，植株发育不良。

（二）类型与品种

红花菜豆根据生长习性可分为无限生长习性和有限生长习性。我国目前栽培的主要是无限生长习性，各类型中都有红花和白花。根据花的颜色分为红花菜豆和白花菜豆，栽培品种主要有大白芸豆和红花菜豆两个变种。两者统称为多花菜豆，亦有统称为红花菜豆（本书统称为红花菜豆）。其形态特征区别如下。

茎色：幼茎的茎色是两个品种幼苗期的主要区别，红花菜豆的茎为深紫红色，白花菜豆的茎为浅绿白色。

花色：红花菜豆的花为猩红色，白花菜豆的花为纯白色。

种色：红花菜豆的种子较大而松软，种皮较厚间有黑色斑纹；白花菜豆的种皮为白色，种子较扁而坚实，风味佳。

（1）大白芸豆　云南地方品种。白花，早熟，籽粒大，单株嫩荚产量高，属蔓生型品种，子叶不出土。

（2）伯特勒　从美国引进的品种。红花，生育期长，在北方种植，生育期约180天。单株产量高，单株结荚数14～15个，单荚粒数2～3粒，种皮色为紫色黑纹。

（三）高产优质生产技术

1. 整地与施肥

红花菜豆不宜与豆类作物连作，可单作或间作。选择土壤疏松、排水良好的田块栽培。前茬收获后及时清洁田园，深耕整地，施足基肥，每亩可施入三元复合肥30～50千克或腐熟有机肥2 000～3 000千克，并整地作畦，畦宽连沟2米（畦长自定），栽2行，株距40厘米。若以小高垄栽培，垄距1米，栽苗1行，株距40厘米。

2. 播种育苗

红花菜豆可直播或育苗移栽，生产上一般以直播为主。春季播种一般地温稳定在10℃以上时进行。播种期因各地气候而异，一般在4月上旬后均可播种，适宜播期内或有设施条件时，可适当早播，提高产量。播种前选颜色大小一致、籽粒饱满的种子，浸种1～2天。播种前浇足底水，将种子播于穴内，每穴2～3粒，播种深度一般以10～15厘米为宜。由于红花菜豆的子叶不出土，因而适当深播可增加抗旱力。播后覆土5厘米左右厚，盖地膜增温保湿，促进齐苗。出苗后及时破膜放苗，以防灼伤。若出现缺株少苗，则要及时间苗补缺，保证全苗。每亩用种8千克左右。

3. 田间管理

（1）肥水管理 红花菜豆根系固氮能力较弱，除施足基肥外，还要在始花期、盛花期重施追肥，可分次施入三元复合肥10～15千克，进入开花期后，一般每8～10天可叶面喷施0.5%磷酸二氢钾。每采收2～3次后，结合灌水，追施1次腐熟粪肥或磷钾复合肥。追肥尽量深施，避免污染食用豆荚。

播种前浇足底水。出苗后适当控水，防止幼苗徒长。开花结荚期看天气灌溉，保持土壤湿润，若雨水过多需及时排出，防止畦沟积水。

（2）中耕除草 红花菜豆出苗后，需进行2～3次中耕除草。株高10厘米左右时进行第1次，并酌情追肥提苗。株高30厘米时，进行第2次，并同时进行培土壅根，使上胚轴多发不定根，扩大根系对水肥的吸收面积。

（3）搭架整枝 红花菜豆多为蔓生型品种，当株高30厘米左右时要及时搭架并引蔓上架。支架可采用“人”字形或三角形支架。开花结荚期要及时打侧蔓和摘心，调整植株空间分布，保证养分的合理分配，抑制茎叶生长，促进养分向开花结荚输送，提高结荚率，延缓早衰，促进成熟。

（四）采收与储藏

1. 嫩荚的采收

红花菜豆如采收嫩荚，应以荚成形豆粒未变硬、嫩荚大小达到烹调要求和当地商品标准时采收，一般在播种后80～90天进行。采收宜在下午温度较低时。一般每隔7～10天采摘1次。

嫩荚采摘后，整理装箱并置于阴凉处，及时销售。

2. 干豆荚的采收

干豆荚的采收必须要根据成熟期的先后，分期分批采收老熟豆荚。基部的几层豆荚易触地霉烂，可适当提前采收。整个生育期可采收 3 ～ 4 次，每次间隔约 1 周，延续 1 ～ 2 个月。采收时动作要轻，不要碰伤茎蔓，以免影响植株生长。刚采收的豆荚水分含量很高，需晾晒一段时间，待种子干燥后，连荚储藏。

3. 块根的采收

采收块根时，应在地上部分衰老死亡时挖掘块根，块根晾晒 2 ～ 3 天后，入窖储藏。

参考文献

［1］李曙轩，李树德，蒋先明.中国农业百科全书：蔬菜卷［M］.北京：农业出版社，1990.

［2］李曙轩，杨惠安.蔬菜栽培学各论［M］.北京：农业出版社，1984.

［3］邱仲华，常涛，郭凤霞.8种豆类特菜栽培技术［M］.北京：中国农业出版社，2003.

［4］李式军，刘凤生.珍稀名优蔬菜80种［M］.北京：中国农业出版社，1995.

［5］万有葵，蒋振培.蔬菜的营养与药用价值［M］.济南：山东科学技术出版社，1984.

［6］吕佩珂，李明远.中国蔬菜病虫原色图谱［M］.北京：农业出版社，1992.

［7］夏维东，周达彪，李丽.放心菜生产配套技术［M］.江苏：江苏科学技术出版社，2003.

［8］周新民，巩振辉.无公害蔬菜生产200题［M］.北京：中国农业出版社，1999.

［9］郑建秋.现代蔬菜病虫鉴别与防治手册［M］.北京：中国农业出版社，2004.

［10］季国军.设施蔬菜高产施肥［M］. 北京：中国农业出版社，2015.

［11］席银森.菜用大豆育苗栽培早熟高产技术［J］.中国蔬菜，2002（5）：40-41.

［12］施文贤，王利平.太仓市出口蔬菜主要病虫害防治的实

践［J］.长江蔬菜，2004（4）：26.

［13］舒巧云，王美英.晚甜1号、2号豌豆简介［J］.长江蔬菜，2001（7）：10.

［14］陈静福."中豌四号"冬种春收高产技术［J］.长江蔬菜，1998（4）：13.

［15］徐水生，张合龙.菜用豇豆及其栽培技术［J］.长江蔬菜，2004（3）：25.

［16］龙明华，唐小付，等.四棱豆优质高产无公害栽培技术［J］.长江蔬菜，2004（4）：12.

［17］张越，宁述尧.豆类蔬菜速冻加工中关键技术的研究进展［J］. 吉林蔬菜，2015（4）：36.

［18］中华人民共和国农业部.豆类蔬菜贮藏保鲜技术规程NY/T 1202—2006[s].北京：中国标准出版社，2006.